青岛花生田
主要害虫绿色防控

QINGDAO HUASHENGTIAN
ZHUYAO HAICHONG
LÜSE FANGKONG

曲春娟　张初署　著

中国农业科学技术出版社

图书在版编目(CIP)数据

青岛花生田主要害虫绿色防控 / 曲春娟, 张初署著.
北京:中国农业科学技术出版社, 2025.6. -- ISBN
978-7-5116-7432-6

Ⅰ. S435.652

中国国家版本馆 CIP 数据核字第 2025WZ5750 号

责任编辑　姚　欢
责任校对　王　彦
责任印制　姜义伟　王思文

出 版 者	中国农业科学技术出版社
	北京市中关村南大街 12 号　邮编:100081
电　　话	(010) 82106631 (编辑室)　(010) 82106624 (发行部)
	(010) 82109709 (读者服务部)
网　　址	https://castp.caas.cn
经 销 者	各地新华书店
印 刷 者	北京建宏印刷有限公司
开　　本	148 mm×210 mm　1/32
印　　张	4.125　彩插　6 面
字　　数	120 千字
版　　次	2025 年 6 月第 1 版　2025 年 6 月第 1 次印刷
定　　价	38.00 元

◆版权所有·翻印必究◆

前　言

花生是世界重要的食用油脂和优质植物蛋白源，也是中国主要油料作物和经济作物，是我国具有国际竞争力的出口农产品。花生具有丰富的钙、磷、铁等矿物质，以及白藜芦醇、β-谷固醇等功能活性成分，均对人体生长发育及抗衰老等具有重要意义，因此花生又被誉为"长生果"。

虫害是影响花生生产的主要限制因素，它们在花生播种到收获的各个时期均可为害，严重影响花生的产量和品质。青岛是我国最重要的花生产区，该区域为害花生的地下害虫有蛴螬、地老虎、金针虫等，地上害虫有刺吸式口器的蚜虫、叶螨等，锉吸式口器的蓟马等，食叶害虫有棉铃虫、甜菜夜蛾、斜纹夜蛾等。地下害虫为害隐蔽，必须掌握好防治时期，要做到播种期防治与生长期防治相结合，成虫期防治与幼虫期防治相结合；刺吸式口器害虫的防治应在花生出苗后至开花前进行；食叶害虫的防治基本要贯穿整个花生生长期。

本书是作者2018—2024年从事花生虫害研究工作的系统全面总结，书中大部分研究在山东省花生研究所莱西试验站完成。全书共分五章：第一章全面分析了国内外花生产业发展基本情况；第二章详细阐述了青岛市花生生产发展趋势、花生产业优势与特色；第三章从害虫形态特征、发生规律、为害状况等方面系统介绍青岛花生害虫种类；第四章采取理论与技术相结合的研究方法，从农业、物理、生物、化学等手段方法出发，提出青岛花生害虫综合防控策略；第五章采取理论与实践相结合的研究思路，详细介绍开展青岛花生主要害虫绿色防控的成果成效。书中对每种虫害最具特征性的田间症状或形态特征作了描述，并附相应彩图。撰写此书的初衷是梳理和总结相关研究成果，期望为花生科技工作者准确诊断花生常见虫害、为青岛花生产业高质量发展尽一份力。本书可供花生科研工作者参考，也有助于广大花生种植者对害虫防控知识有所了解。

  本书主要研究得到了青岛市科技惠民示范专项项目、山东省重点研发计划（乡村振兴科技创新提振行动计划）项目、国家花生产业技术体系等项目的联合支持。本书的撰写和出版得到了山东省花生研究所、青岛宝泉花生制品有限公司、青岛昊昊植物油有限公司、青岛市农产品质量安全中心等有关单位和业内专家的悉心指导和大力支持，在此一并表示谢意！

  限于作者水平与能力，书中仍有诸多不足缺漏之处，恳请广大读者批评指正！

著 者

2024 年 12 月

目　　录

第一章　花生概论 ·· 1
　第一节　全球花生生产概况 ·· 1
　第二节　中国花生生产概况 ·· 3
　第三节　花生优势特色与发展潜力 ···································· 5

第二章　青岛花生 ·· 7
　第一节　青岛农业概况 ·· 7
　第二节　青岛花生产业概况 ·· 8
　第三节　青岛花生产业优势与特色 ································· 11

第三章　青岛花生田害虫种类与特征 ······························ 15
　第一节　地下害虫 ·· 15
　　一、蛴螬 ··· 15
　　二、地老虎 ··· 19
　　三、金针虫 ··· 21
　第二节　地上害虫 ·· 24
　　一、蚜虫 ··· 24
　　二、叶螨 ··· 26
　　三、蓟马 ··· 29
　　四、棉铃虫 ··· 33
　　五、斜纹夜蛾 ·· 35
　　六、甜菜夜蛾 ·· 37

第四章　青岛花生田害虫防控原理与方法 ························ 40
　第一节　农业防治 ·· 41

一、蛴螬农业防治 ……………………………………… 42
　　二、地老虎农业防治 …………………………………… 43
　　三、金针虫农业防治 …………………………………… 44
　　四、蚜虫农业防治 ……………………………………… 45
　　五、叶螨农业防治 ……………………………………… 46
　　六、蓟马农业防治 ……………………………………… 47
　　七、棉铃虫农业防治 …………………………………… 48
　　八、甜菜夜蛾农业防治 ………………………………… 49
　　九、斜纹夜蛾农业防治 ………………………………… 49
　第二节　物理防治 ………………………………………… 50
　　一、蛴螬物理防治 ……………………………………… 51
　　二、地老虎物理防治 …………………………………… 51
　　三、金针虫物理防治 …………………………………… 51
　　四、蚜虫物理防治 ……………………………………… 52
　　五、叶螨物理防治 ……………………………………… 52
　　六、蓟马物理防治 ……………………………………… 52
　　七、棉铃虫物理防治 …………………………………… 52
　　八、甜菜夜蛾物理防治 ………………………………… 53
　　九、斜纹夜蛾物理防治 ………………………………… 53
　第三节　生物防治 ………………………………………… 53
　　一、蛴螬生物防治 ……………………………………… 54
　　二、地老虎生物防治 …………………………………… 54
　　三、金针虫生物防治 …………………………………… 55
　　四、蚜虫生物防治 ……………………………………… 55
　　五、叶螨生物防治 ……………………………………… 55
　　六、蓟马生物防治 ……………………………………… 56
　　七、棉铃虫生物防治 …………………………………… 56
　　八、甜菜夜蛾生物防治 ………………………………… 56
　　九、斜纹夜蛾生物防治 ………………………………… 57

第四节　化学防治 …… 57
　　一、蛴螬化学防治 …… 57
　　二、地老虎化学防治 …… 58
　　三、金针虫化学防治 …… 59
　　四、蚜虫化学防治 …… 60
　　五、叶螨化学防治 …… 61
　　六、蓟马化学防治 …… 62
　　七、棉铃虫化学防治 …… 62
　　八、甜菜夜蛾化学防治 …… 63
　　九、斜纹夜蛾化学防治 …… 64
第五章　青岛花生田害虫防控技术与实例 …… 65
　第一节　春夏花生田主要害虫发生调查 …… 65
　　一、材料与方法 …… 66
　　二、结果与分析 …… 66
　　三、结论与讨论 …… 70
　第二节　花生田主要害虫减药控害增效技术与效果评价 …… 70
　　一、材料与方法 …… 71
　　二、结果与分析 …… 74
　　三、结论与讨论 …… 76
　第三节　花生/玉米间作对蛴螬发生的影响研究 …… 77
　　一、材料与方法 …… 77
　　二、结果与分析 …… 79
　　三、结论与讨论 …… 86
　第四节　利用功能植物诱控花生田金龟甲优势种的
　　　　　效果研究 …… 89
　　一、材料与方法 …… 90
　　二、结果与分析 …… 92
　　三、结论与讨论 …… 95
　第五节　气象因子对花生田蚜虫种群数量的影响研究 …… 96

一、材料与方法 ·· 96
　　二、结果与分析 ·· 98
　　三、结论与讨论 ··· 104
第六节　气象因子对青岛市花生田西花蓟马种群数量的
　　　　影响 ··· 105
　　一、材料与方法 ··· 105
　　二、结果与分析 ··· 106
　　三、结论与讨论 ··· 113
参考文献 ·· 116

第一章 花生概论

花生（*Arachis hypogaea* L.）从植物学分类看，属于豆科蝶形花亚科落花生属，现在种植的花生是花生属唯一的栽培种，是一年生双子叶草本植物。尽管花生起源众说纷纭，但比较公认的起源地为南美洲安第斯山脉及周边地区，地域范围包括秘鲁、巴西、阿根廷、巴拉圭、乌拉圭等国家部分区域。

第一节 全球花生生产概况

据联合国粮食及农业组织（FAO）网站统计数据，2014—2023年全球花生年均种植面积为 2 957.47 万 hm^2，总产量为505.90 亿 kg，平均单产为 1 710.58 kg/hm^2。分区域看，花生主要分布于亚洲和非洲，美洲、欧洲和大洋洲仅零星种植。亚洲2014—2023 年年均种植面积为 1 170.15 万 hm^2，年均总产量为296.00 亿 kg，年均单产为 2 529.59 kg/hm^2，面积和总产量分别占全球的 39.57%和 58.51%；非洲 2014—2023 年年均种植面积为1 443.43 万 hm^2，年均总产量为 161.38 亿 kg，年均单产为1 118.03 kg/hm^2，面积和总产量分别占全球的 48.81%和 31.90%；这两大区域合计种植面积和产量分别占世界的 88.38%和 90.41%。

全球花生主要生产国有印度、中国、尼日利亚、苏丹、缅甸、美国、塞内加尔等。以 2021—2023 年三年平均数据测算，印度种植面积居世界第 1 位，中国花生总产量居世界第 1 位，尼日利亚种植面积和总产量均居第3位（表1-1）。

表1-1 世界花生生产概况（2021—2023年平均数据）

排序	产地	种植面积/万 hm²	排序	产地	总产量/亿 kg
1	印度	556.03	1	中国	186.23
2	中国	477.32	2	印度	102.25
3	尼日利亚	351.74	3	尼日利亚	42.71
4	苏丹	334.10	4	美国	26.90
5	缅甸	121.18	5	苏丹	21.28
6	塞内加尔	120.94	6	缅甸	17.50
7	尼日尔	101.44	7	塞内加尔	15.57
8	坦桑尼亚	90.31	8	阿根廷	11.92
9	几内亚	84.77	9	几内亚	9.77
10	乍得	75.54	10	巴西	8.39
11	布基纳法索	67.48	11	坦桑尼亚	8.06
12	美国	60.61	12	乍得	8.03
13	喀麦隆	53.00	13	印度尼西亚	6.68
14	刚果	51.17	14	中非	5.75
15	马里	47.24	15	布基纳法索	5.73
16	马拉维	40.00	16	加纳	5.71
17	阿根廷	39.33	17	尼日尔	5.48
18	莫桑比克	38.64	18	喀麦隆	5.30
19	乌干达	38.20	19	刚果	4.86
20	安哥拉	35.45	20	马里	4.14

资料来源：根据联合国粮食及农业组织（FAO）网站数据统计整理，2024。

由于单产水平差距显著，种植面积前二十强的国家与总产量前二十强的国家存在明显差异。马拉维、莫桑比克、乌干达、安哥拉四国，虽种植面积较大，分别居第16、18、19、20位，但因单产水平较低，分别仅有875.00 kg/hm²、402.80 kg/hm²、478.20 kg/hm²、641.30 kg/hm²，所以总产量未进入前二十强；相反，巴西、印度尼西亚、中非、加纳四国，虽种植面积未进入世界前二十强，凭借较高单产，单产水平分别达到 3 814.90 kg/hm^2、2 302.20 kg/hm^2、2 753.40 kg/hm^2、1 691.00 kg/hm^2，跻身产量前列，总产量分别为第 10、13、14、16 位。此外，阿根廷、美国花生种植面积分别居第 17、12 位，但凭借较高单产，总产分别升至第 8、4 位，两国单产分别高达 3 030.77 kg/hm^2、4 438.21 kg/hm^2。

第二节 中国花生生产概况

花生在我国作为油、食、饲兼用作物，是居民食用油、食用植物蛋白和动物蛋白饲料的重要来源。花生是中国最具竞争力的油料作物，总产、单产、产油率均位列主要油料作物前列。

国家统计局网站数据显示，2014—2023 年，我国花生年均播种面积为 460.82 万 hm^2，占全国油料（含大豆）播种面积的 21.29%，低于大豆（39.97%）、油菜（32.06%）；年均总产量为 174.03 亿 kg，占全国油料（含大豆）总产的 33.86%，高于大豆（32.13%）、油菜（27.54%），居国产油料作物（含大豆）的第 1 位；单产 3 773.34 kg/hm^2，是同期大豆的 1.99 倍、油菜的 1.85 倍，居油料作物（含大豆）第 1 位（表 1-2）。

表 1-2 全国油料作物生产概况

作物类型	播种面积/万 hm^2	面积占比/%	总产量/亿 kg	总产量占比/%	单产/(kg/hm^2)	备注
大豆	865.28	39.97	165.11	32.13	1 898.00	2014—2023 年平均
油菜籽	694.10	32.06	141.55	27.54	2 038.26	2014—2023 年平均
花生	460.82	21.29	174.03	33.86	3 773.34	2014—2023 年平均

（续表）

作物类型	播种面积/万 hm²	面积占比/%	总产量/亿 kg	总产量占比/%	单产/（kg/hm²）	备注
芝麻	27.33	1.26	4.31	0.84	1 577.12	2014—2023年平均
葵花籽	94.55	4.37	25.88	5.03	2 759.75	2013—2022年平均
胡麻籽	22.58	1.04	3.06	0.60	1 371.95	2013—2022年平均
合计	2 164.66	100.00	513.94	100.00	—	—

资料来源：国家统计局网站数据，2024。

2014—2023年，我国花生生产呈稳步增长态势。花生种植面积从2014年的436.97万 hm² 增长到2023年的479.78万 hm²，增长9.80%；总产量从2014年的159.01万 kg 增长到2023年的192.31万 kg，增长20.94%；单产从2014年的3 638.87 kg/hm² 增长到2023年的4 008.20 kg/hm²，增长10.15%。这表明近年来我国花生种植面积持续增长，单产水平不断提高，总产量大幅增加（表1-3）。

表1-3　2014—2023年中国花生生产概况

年份	播种面积/万 hm²	总产量/亿 kg	单产/（kg/hm²）
2014	436.97	159.01	3 638.87
2015	438.55	159.61	3 639.55
2016	444.84	163.61	3 677.87
2017	460.77	170.92	3 709.46
2018	461.97	173.32	3 751.80
2019	463.35	175.20	3 781.09
2020	473.08	179.93	3 803.28
2021	480.53	183.08	3 809.93
2022	468.38	183.30	3 913.37
2023	479.78	192.31	4 008.20

资料来源：国家统计局网站，2024。

我国花生种植范围很广，只有西藏、青海等个别省份无规模种植，其余大部分省份均有种植，但种植规模并不均衡，主要集中在黄淮、东北、华南等地区。国家统计局网站2014—2023年数据显示，10年平均的种植面积居前五位的省份依次是河南、山东、广东、辽宁、四川，5省种植面积合计275.26万hm^2，占同期全国的59.73%；10年平均总产居前五位的省份依次是河南、山东、广东、河北、辽宁，5省总产量合计114.63万kg，占全国65.87%。单产平均水平超过4 000 kg/hm^2的5个省（自治区）依次是新疆、安徽、河南、山东、江苏。

随着我国经济社会发展和人民生活水平不断提高，对优质植物脂肪和植物蛋白的需求日益增长。据统计，我国人年均食用植物油消耗量从1978年的1.60 kg上升到2019年的25.10 kg，上升了近15倍。我国食用油自给率只有约30%，油料进口依存度高，且来源国家和地区十分集中，食用油安全问题日益突出。为保障国家粮油安全，必须进一步加快推进花生等油料作物产能扩增进程。

第三节　花生优势特色与发展潜力

花生与大豆、油菜、向日葵、胡麻并列为世界五大油料作物，是世界范围内重要的食用油脂和优质植物蛋白来源。花生具有适应范围广、营养价值高、消费途径多样的特点，发展潜力巨大。

花生被称为"先锋作物"。在非洲、亚洲等众多的干旱、半干旱地区，花生同谷子、高粱、鹰嘴豆等作物位于同一种植区域，这是因为此类作物均具有抗干旱、耐瘠薄、适应高温气候的能力。花生是豆科作物，本身具有生物固氮特性，能减少对氮素化肥的依赖，可降低生产成本，有利于绿色低碳循环农业发展。

花生另一个广受欢迎的优势是在营养价值方面，花生可生食亦可熟食，且生食消化率高，是其他众多大宗富含蛋白质、脂肪的粮油作物所无法比拟的,因而花生成为广受人们喜爱的休闲食品和天然来源的营养健康食品。花生籽仁脂肪含量50%左右,蛋白质含量25%左右,此外还含有糖类、维生素、矿物质等营养成分,营养价值极为丰富。花生籽仁蛋白质含量与牛奶(3%~5%)、鸡蛋(14%)、猪肉(16%)、小麦(9.9%)等相比具有明显的优势;花生中脂肪含量仅次于芝麻,高于油菜、大豆和棉籽,而且花生油的脂肪酸以不饱和脂肪酸油酸、亚油酸为主,不含胆固醇,对于预防心脑血管疾病有良好作用。花生还含有胡萝卜素、硫胺素、核黄素、尼克酸等众多人体所需的营养成分,这些成分对于提升人体造血功能具有一定的作用。

花生在世界范围内广泛种植的另一个原因是市场需求驱使。花生消费渠道丰富,经济效益显著。如中国、印度都是人口大国,食用植物油需求量大,将其作为主要食用油来源。在阿根廷、塞内加尔、苏丹、巴西等国家,花生作为主要出口农产品,是重要的出口创汇作物,是造福农户的主要经济来源。在非花生主要种植国如荷兰、德国、英国、加拿大等,花生是加工制作花生酱、花生糖果等休闲食品的主要原料,因此这些国家对花生有持续且大量的进口需求。

第二章　青岛花生

第一节　青岛农业概况

青岛地处黄海之滨，山东半岛南端，属温带季风气候，年平均积温在 4 500℃以上，年平均气温 12℃，年均降水量 662 mm，无霜期平均每年 251 d。土壤多为砂壤土，光、热、水充足，雨热同季，适宜粮食作物、油料作物、水果、蔬菜、茶叶等农作物生长。

青岛市陆域面积 11 000 km²，共辖 10 个区（市）、144 个镇（街道），其中涉农区（市）有 7 个（平度市、莱西市、即墨区、黄岛区、胶州市、崂山区、城阳区），共有涉农街道 54 个、镇 36 个、行政村 924 个。2023 年全市农林牧渔业总产值 955.9 亿元，其中农业产值 462.3 亿元，农林牧渔业总产值和增加值均列前三位的区（市）依次为平度市、黄岛区、即墨区，农业产值列前三位的区（市）依次是平度市、莱西市、胶州市。

截至 2023 年底，青岛市实有耕地面积 43.2 万 hm²，年均农作物播种面积达 66.59 万 hm²，其中粮食作物播种面积 48.21 万 hm²、经济作物播种面积 18.38 万 hm²，2023 年全年农用化肥施用量（折纯）2.42 亿 kg、农药使用量 490.3 万 kg，耕地面积和农作物播种面积均列前三位的依次为平度市、莱西市、即墨区。

青岛市现有农产品加工企业 3 000 余家，年加工农产品 130 亿 kg，农产品出口额 58 亿元。青岛市农业科技总体水平走在全省和全国前列，农业良种覆盖率达 99%，农作物耕种收综合机械化率达 92%，农业科技进步贡献率达 72%。

第二节　青岛花生产业概况

花生是青岛市继玉米、小麦外的第三大大田作物。2023 年青岛市花生种植面积为 6.53 万 hm^2，总产量为 3.25 亿 kg，平均单产为 4 977.03 kg/hm^2。纵观青岛市花生发展历程，总体上可以分为 3 个时期：中华人民共和国成立初期的恢复发展期、改革开放以来的快速发展期、进入 21 世纪以来的调整下滑期。

中华人民共和国成立初期至改革开放前，青岛市花生处于恢复发展阶段。1949 年花生总产 0.71 亿 kg，此后 20 余年产量始终在 1 亿 kg 以下，直至 1978 年，产量首次突破 1.00 亿 kg，达到 1.14 亿 kg，由此进入快速发展阶段，随后，产量相继突破 2.00 亿 kg、3.00 亿 kg、4.00 亿 kg、5.00 亿 kg 大关，并于 2004 年达到的 5.80 亿 kg 高峰值，自 2005 年起，进入调整下滑期，2005 年产量降至 5.04 亿 kg，然后逐渐减少，2006—2013 年，产量维持在 4.00 亿 kg 左右，2014 年以来稳定在 3.00 亿 kg 左右。

从青岛市的花生单产水平看，近年来呈稳步提升态势。2000 年单产 4 468.62 kg/hm^2；2010 年达到 4 537.04 kg/hm^2，2020 年进一步提升至 4 819.28 kg/hm^2。然而，尽管单产有所提升，但受土地资源约束及种植结构调整等因素影响，这些年青岛市花生种植面积却持续缩减，2000—2023 年，由 11.95 万 hm^2 下降到 6.53 万 hm^2，下降幅度为 45.36%，导致青岛市花生总产量由 5.34 亿 kg 下降至 3.25 亿 kg（表 2-1）。

表 2-1　2000—2023 年青岛花生种植情况

年份	播种面积/ 万 hm²	总产量/ 亿 kg	单产/ (kg/hm²)
2000	11.95	5.34	4 468.62
2001	12.33	5.79	4 695.86
2002	11.69	5.58	4 773.31
2003	12.27	5.69	4 637.33
2004	11.91	5.80	4 869.86
2005	10.29	5.04	4 897.96
2006	10.17	4.72	4 641.05
2007	10.58	4.95	4 678.64
2008	9.97	4.70	4 714.14
2009	9.99	4.68	4 684.68
2010	9.72	4.41	4 537.04
2011	9.45	4.44	4 698.41
2012	9.53	4.59	4 816.37
2013	9.58	4.44	4 634.66
2014	8.86	3.98	4 492.10
2015	8.20	3.46	4 219.51
2016	8.60	3.69	4 290.70
2017	8.23	3.84	4 665.86
2018	8.00	3.85	4 812.50
2019	7.48	3.42	4 572.19
2020	7.47	3.60	4 819.28
2021	6.94	3.39	4 884.73
2022	6.49	3.12	4 807.40
2023	6.53	3.25	4 977.03

注：数据来源为青岛市统计局网站，2024 年。

从区域分布来看，青岛市 7 个涉农区（市）均有花生种植，其中平度市、黄岛区和莱西市三地为主要产区。2023 年，三地种植面积分别为 1.85 万 hm^2、1.74 万 hm^2、1.53 万 hm^2，产量分别为 0.96 亿 kg、0.87 亿 kg、0.81 亿 kg；即墨区和胶州市次之，种植面积分别为 0.85 万 hm^2、0.56 万 hm^2，产量分别为 0.37 亿 kg、0.24 亿 kg；崂山区、城阳区种植规模较小，以零星种植为主，种植面积和产量均较低。从单产水平看，莱西市、平度市最高，均超过 5 100 kg/hm^2，位居全市前列（表 2-2）。

表 2-2 2023 年青岛市各区（市）花生生产情况

地区	播种面积/万 hm^2	总产量/亿 kg	单产/（kg/hm^2）
全市	6.53	3.25	4 970
崂山区	0.002 1	0.001 0	4 943
黄岛区	1.74	0.87	4 995
城阳区	0.003 2	0.001 4	4 522
胶州市	0.56	0.24	4 264
即墨区	0.85	0.37	4 377
平度市	1.85	0.96	5 177
莱西市	1.53	0.81	5 265

注：数据来源为青岛市统计局网站，2024 年。

青岛市花生生产领域的研发成果多、技术水平高，在国内具有领先的科技水平，率先在国内培育出高油酸、耐盐碱、黑色和多彩花生新品种。高产栽培技术水平世界领先，研发推广地膜覆盖栽培、丘陵旱薄地土壤改良与高产栽培技术、连作障碍机理与缓解技术、麦油（小麦花生）两熟制栽培技术、玉米花生间作栽培技术、盐碱地花生高产栽培技术等，率先突破万亩花生千斤[①]高产栽培技

---

① 1 亩 ≈ 667m^2；15 亩 = 1hm^2；1 斤 = 0.5kg；全书同。

术，亩产先后创下 600 kg、700 kg、750 kg 的世界花生高产纪录。

青岛市花生用途广泛，涵盖食用、榨油、出口及种子繁育等，拥有众多龙头企业和知名加工企业。在花生油加工领域，青岛天祥食品、长生集团、昊昊植物油等企业建成热榨、低温压榨等多条生产线，年花生油加工能力达 3 亿 kg，产品涵盖压榨一级花生油、冷榨花生油、高油酸花生油、古法小榨花生油等门类齐全的产品；在花生酱加工领域，集聚了青岛食品、吉兴食品、双宝食品等企业；在花生休闲食品领域，青岛宝泉、佳德、东生集团等企业主导烘烤花生、油炸花生、裹衣花生等产品加工，构建了多元化的花生加工产业体系。

第三节　青岛花生产业优势与特色

青岛市花生产业凭借产量高、品质优、品牌多、品牌影响力强、产业链完善等显著优势，已发展成为我国重要的花生研发中心、种子繁育加工中心、花生油加工中心，花生及其制品进出口贸易中心。

第一，自然条件优越，有高产优质的基础，花生产量高、品质优。青岛主要种植大粒型花生，大花生有突出的外观表现和内在品质。外观表现在荚果硕大、果腰深、网纹突出明显清晰、果实色泽亮丽、籽粒完整饱满、红色种皮色泽鲜艳等；内在品质方面，蛋白油脂比例适中、油酸亚油酸比值高、食用口感酥脆香甜、清爽不腻口等。此外，青岛花生新鲜洁净、腐果少，无黄曲霉毒素污染，食用安全性高，被誉为"最干净的大花生"，深受国内外消费者青睐。

第二，研发实力雄厚，科技水平高。山东省花生研究所、青岛农业大学等花生科教单位均位于青岛，其中山东省花生研究所是我国最早成立的专业花生科研机构，1959 年建所以来，在花生遗传育种、花生生理生态与高产栽培、花生病虫害防控等领域取得多项国内领先科研成果。青岛市花生科教单位选育的"花育""青花""宇花""华实""誉玉""远花"系列花生新品种在国内各花生主产区得到广泛应用，育成审定和登记、备案品种数量国内第一。青岛花生加工企业的研发创新能力在不断提高，新装备、新工艺、新产品不断涌现，参与国家和地方花生油、裹衣花生、花生种子生产等标准的起草、制定和修订，引领我国花生技术水平发展提高。

第三，历史悠久，有较高的品牌知名度，市场基础坚实。平度市、莱西市均是著名的"中国花生之乡"。在花生种子领域有"华实""鲁聚丰""金大仓"等品牌，在黄淮海、东北、西北花生产区享有很高知名度。在花生油品牌方面，有"长生""喜燕""胡姬花""第一坊""崂山""品品好"等区域和国内知名品牌，花生油畅销华东、华北、华南等国内市场。在花生制品和休闲食品领域，有"宝泉裹衣花生""东生花生仁""海友花生酱"等知名品牌，产品除满足国内市场需求外，还远销日本、韩国、东南亚、欧盟、澳大利亚、新西兰等国家和地区。

第四，产业链完善，发展基础牢固。青岛市构建了"科研育种—种植生产—加工转化—贸易流通"的全产业链体系，各环节历史均超百年，产业积淀深厚。在加工领域，截至2023年拥有各类花生加工企业320多家，其中市级以上龙头企业28家，形成规模化、集群化发展格局。在贸易领域，依托青岛港国际枢纽优势，花生出口量连续多年居全国口岸首位，全国90%的花生出口货物经此离港。从区域出口占比来看，山东花生出口量占全国的50%，而青岛本地花生出口量占山东的50%，充分彰显其"双港芯"核心地位。

尽管青岛花生生产和产业发展取得很大成就，在国内有诸多优势，但与此同时也面临一定的挑战和未来发展限制。在生产领域，主要表现为花生种植面积下降趋势，种植成本居高不下。花生与大宗粮食作物小麦、玉米等比较，规模化、机械化程度相对较低，种植费工费时；与蔬菜、水果等特色经济作物比较，亩纯收入一般在1 000 余元，与青岛当地特色蔬菜动辄亩纯收入几千元（设施栽培一般亩纯收入在1万元左右）比较，同样缺少吸引力。在加工和流通贸易领域，主要表现为研发创新型新产品不多、功能保健型消费者青睐的新产品缺乏、出口规模不断下滑，而国外价格低廉产品量进口逐年增加，国内加工企业和产品的竞争日趋激烈。

未来，青岛花生产业需通过以下路径巩固发展优势：在种植环节，着力提升机械化与规模化水平，降低生产成本，走优质绿色高效化发展之路；在加工领域，聚焦精深加工技术研发，研发更多深受消费者喜爱的营养健康新产品，不断提高花生及其制品的附加值；在市场端，持续强化品牌建设与市场拓展，巩固国内外市场竞争力与品牌影响力。而实现上述目标的关键前提之一，在于构建科学的病虫害防控体系，尤其是对虫害的有效治理。

虫害是制约花生高产优质的核心因素，其为害贯穿花生生长全周期。播种期，蛴螬、金针虫等地下害虫会啃食种子和幼根，导致缺苗断垄；幼苗期，蚜虫、蓟马等刺吸式害虫不仅直接吸食植株汁液，还会传播病毒病；生长中后期，棉铃虫、斜纹夜蛾等暴食性害虫大量取食叶片、花蕾和荚果，严重影响光合作用和养分积累，造成大幅减产。同时，虫害造成的伤口易引发真菌、细菌侵染，导致花生腐果率上升，黄曲霉毒素污染风险增加，直接威胁食用安全与产品出口。例如，黄曲霉菌在虫害破损的花生荚果中极易滋生，而欧盟、日本等高端市场对黄曲霉毒素限量标准极为严苛，一旦超标将导致产品被拒，严重损害产业声誉与经济效益。

此外，传统化学防治手段虽能快速降低虫口密度，但长期依赖会引发害虫抗药性增强、农药残留超标等问题，既破坏农田生态平衡，又增加生产成本，与绿色发展理念背道而驰。因此，掌握花生主要害虫种类、了解其形态特征、分布及为害、发生规律和田间为害症状，对花生常见的虫害进行精准诊断，推行以农业防控、生物防控、物理防控为主，化学防治为辅的绿色防控技术体系势在必行。通过轮作倒茬、选用抗虫品种等农业措施减少虫源基数；利用性诱剂、杀虫灯等物理手段诱捕成虫，降低繁殖概率；释放赤眼蜂、捕食性天敌昆虫等生物制剂实现以虫治虫；仅在虫害暴发期科学精准施用低毒低残留农药。这一防控模式既能减少化学农药使用量30%以上，降低人工投入成本，又能保障花生品质达到无公害生产标准，实现生态效益、经济效益与食品安全的协同提升，为青岛花生产业高质量发展筑牢根基。

第三章 青岛花生田害虫种类与特征

青岛花生田的害虫主要分为地下害虫和地上害虫。

第一节 地下害虫

青岛花生田地下害虫有蛴螬、地老虎、金针虫等。地下害虫是影响花生发芽、坐果、结荚、产量以及品质的主要害虫,在花生整个生长发育期均可为害。由于地下害虫为害隐蔽,防治困难,因此防治必须掌握好防治适期,要做到播种期防治与生长期防治相结合,成虫期防治与幼虫期防治相结合。

一、蛴螬

(一) 简介

蛴螬是昆虫纲鞘翅目金龟甲科幼虫的总称,别名大头虫、大牙、地狗子、地蚕、核桃虫等。其成虫统称金龟甲(金龟子),常见别名有瞎撞、金翅亮、金巴牛等。

(二) 分布与为害

蛴螬是花生上的第一大害虫,可为害多种农作物、经济作物及花卉林木,喜食刚播下的种子、根系、块茎及幼苗,不同种类蛴螬对寄主作物具有选择性。受其为害的花生一般减产10%~30%,严重发生时可导致绝收。我国为害花生的蛴螬约50种,以大黑鳃金龟、暗黑鳃金龟和铜绿丽金龟等为害最为严重。

(三) 形态特征

1. 大黑鳃金龟

成虫：体长 16~22 mm，宽 8~11 mm，体黑色或黑褐色，具光泽。触角 10 节，鳃片部 3 节呈黄褐色或赤褐色。前足胫节外侧具 3 齿，较为锋利，内侧生 1 棘刺；后足胫节末端具端距 2 根。鞘翅长椭圆形，具 4 条纵隆线，长度为前胸背板宽度的 2 倍，臀节背板会合于腹面。雄性前臀节腹板中部具明显三角形凹坑，雌性相应位置无凹坑，但具 1 个横向枣红色菱形隆起骨片。

卵：初产时长椭圆形，长约 2.5 mm，宽约 1.5 mm，白色略带黄绿色光泽；发育后期圆球形，长约 2.7 mm，宽约 2.2 mm，洁白有光泽。

幼虫：3 龄幼虫体长 35~45 mm，头宽 4.9~5.3 mm。头部前端每侧有 3 根刚毛（冠缝侧 2 根，额缝侧 1 根）。内唇端感区有 14~16 根感刺，感区刺与感前片之间除具 6 个较大的圆形感觉器外，尚有 6~9 个小圆形感觉器。肛腹板覆毛区无刺毛列，只有钩状毛散生，排列散乱不均匀。

蛹：长 21~23 mm，宽 11~12 mm。化蛹初期为白色，以后变为黄褐色至红褐色，复眼颜色随发育进程依次由白色变为灰色、蓝色、蓝黑色至黑色。

2. 暗黑鳃金龟

成虫：体长 17~22 mm，宽 9~11.5 mm。暗黑色或红褐色，无光泽。前胸背板前缘有成列的褐色长毛。鞘翅伸长，两侧缘近平行，每侧 4 条纵肋不明显。腹部臀节背板不向腹面包卷，与肛腹板会合于腹末。

卵：初产时长约 2.5 mm，宽约 1.5 mm，长椭圆形；发育后期呈近圆球形，长约 2.7 mm，宽约 2.2 mm。卵壳表面光滑，初产时乳白色，孵化前变成透明。

幼虫：3 龄幼虫体长 35~45 mm，头宽 5.6~6.1 mm。头部前顶刚毛，每侧 1 根，位于冠缝侧。内唇端感区刺多为 12~14 根；

感区刺与感前片有6个较大的圆形感觉器。

蛹：长 20~25 mm，宽 10~12 mm。腹部背面具发音器 2 对，尾节三角形。

3. 铜绿丽金龟

成虫：体长 19~21 mm，宽 10~11.3 mm。体铜绿色，具金属光泽；鞘翅具 4 条明显纵隆线，前胸背板与鞘翅同色。前足外侧有 2 个齿状突起。臀节背板不包向腹面。

卵：初产时椭球形，长 1.65~1.93 mm，宽 1.30~1.45 mm，乳白色；孵化前卵粒膨大为圆球形，长 2.37~2.62 mm，宽 2.06~2.28 mm，卵壳表面光滑半透明。

幼虫：3 龄幼虫体长 30~33 mm，头宽 4.9~5.3 mm。头部前顶刚毛，每侧 6~8 根，排成一纵列。内唇端感区有感刺 3 根，少数为 4 根；感区刺与感前片之间有圆形感觉器 9~11 个，居中 3~5 个较大。

蛹：长 18~22 mm，宽 9.6~10.3 mm，体淡黄色，略弯曲。雄蛹有四裂的疣状突起。雌蛹较平坦，无疣状突起。

(四) 发生规律

不同种类的蛴螬习性、适应条件各不相同，耕作制度、作物类型等对蛴螬种类的分布均有显著影响。不同种类的蛴螬其地理分布、发生规律不同，且同一种蛴螬在不同地区发生时间存在差异，同一田块常常多种蛴螬混合发生。因此，必须全面地掌握当地为害花生的蛴螬的种类、优势虫种、分布规律和为害的特点，才能有的放矢，达到长期有效地控制花生田蛴螬为害的目的。

在 2 年 3 作的长期旱作地区，作物种类多以小麦、玉米、油料及其他经济作物为主，有利于大黑鳃金龟的发生与繁殖，易形成稳定的虫源积累区，可能导致大黑鳃金龟和暗黑鳃金龟为害加剧。1 年 2 熟的旱作区，作物种类以粮食、蔬菜为主，土壤耕翻的次数多，不利于 2 年完成 1 代的大黑鳃金龟的生存，但这类地区一般林木繁多，土壤有机质含量较为丰富，有利于暗黑鳃金龟和铜绿丽金龟的生存与繁殖。大部分1年2熟水旱轮作区以铜绿丽金龟的发生量最大；在湖洼地区，地下水位高，土壤湿度大，不利于铜绿丽金龟的生存，优势虫种多为暗黑鳃金龟。不同作物类型对蛴螬发生量的影响也较大。花生田的蛴螬发生量最大，其次是大豆田和甘薯田，玉米和高粱地发生量较少。就蛴螬种类而言，大黑鳃金龟幼虫在花生田和大豆田的发生量最大，暗黑鳃金龟产卵有选择性，在花生、大豆、甘薯、玉米、瓜菜、花卉等并存时，特别喜欢在花生、大豆等豆科作物田产卵。蛴螬种群分布与土壤质地也有密切关系，壤土较沙土和黏土更适宜蛴螬生长。此外秸秆还田的花生田蛴螬发生量显著高于秸秆不还田处理。

大黑鳃金龟甲1~2年发生1代，幼虫于10月中下旬在土层中下移越冬，至翌年4月中旬开始从越冬处向上移动为害春苗，6月下旬开始下移化蛹，羽化为成虫，当年不出土，即进行越冬。成虫白天潜伏，黄昏后活动；具假死性、趋粪性，喜在有机肥中产卵；大黑鳃金龟的雄虫有趋光性，雌虫趋光性不强。4月上中旬，平均气温达10℃以上、5 cm地温达15℃左右时，大黑鳃金龟开始出土，气温达到15~16℃、5 cm地温升到17~18℃，进入出土活动高峰。

暗黑鳃金龟1年发生1代，多以3龄老熟幼虫越冬，老熟幼虫越冬后翌年再上移为害。暗黑鳃金龟具隔日出土习性，出土适宜气温为22~25℃。低于上述温度，风大、雨天则基本不出土。

铜绿丽金龟1年发生1代，以幼虫在土壤中越冬。铜绿丽金龟无明显隔日出土习性，整个出土期内每日均出土活动。铜绿丽金龟出土后，先交配再取食。

（五）为害时期

花生从种到收，皆受蛴螬为害。

（六）为害过程及症状

蛴螬始终在地下为害花生，在植株幼苗期，咬食萌发的种子、幼茎、幼根，断口平截整齐，造成幼苗枯死、断垄或毁种；在荚果膨大期，蛀食荚果或咬断主根，造成烂果、空壳或死棵；其造成的伤口易被病菌侵染，诱发其他病害。成虫取食嫩叶、花器，将叶片咬成孔洞或缺刻，影响叶片光合作用，导致受害花畸形或死亡。轻度发生田块减产 10%~30%，严重发生田块减产可达 60%~80%，甚至绝收。

二、地老虎

（一）简介

地老虎属昆虫纲鳞翅目夜蛾科，又名土蚕、地蚕、黑地蚕、切根虫等，是一类世界性地下害虫。

（二）分布与为害

我国已鉴定地老虎 170 余种，其中为害花生的主要有小地老虎、黄地老虎、大地老虎等。其中：小地老虎分布最广且为害最重，在全国各花生产区均有发生，以长江流域及东南沿海花生产区发生最为严重；黄地老虎主要分布于秦岭—淮河以北地区（广东、海南、广西除外），在西北、华北、黄淮地区发生较为集中；大地老虎虽分布较广，但主要分布于长江下游沿江花生产区。

（三）形态特征

1. 小地老虎

成虫：体长 17~23 mm，身体灰褐色。前翅有棒状纹、环状纹和肾状纹各 1 个，肾状纹外侧有 1 条尖端向外的楔形纹；后翅灰白色，翅脉及边缘呈褐色。

老熟幼虫：体长 37~47 mm，体色黄褐色至暗褐色，背线明显且呈灰黑色，体表粗糙，密布黑色小颗粒，臀板呈黄褐色。

2. 黄地老虎

成虫：体长 15~18 mm，体黄褐色，前翅形态与小地老虎相似，具明显肾状纹、环状纹和棒状纹，但没有前翅肾状纹外侧的楔形纹，且翅面基线、内线、外线等横线均不明显；后翅白色，翅脉及边缘呈黄褐色。臀板中央具黄色纵纹，两侧各有 1 个黄褐色大斑。

幼虫：老熟幼虫体长33~43 mm，体形与小地老虎相似，体色黄褐色，体表具光泽，颗粒不明显，体壁多皱纹。腹部背面各节具4个毛片，前方2个与后方2个大小相近；臀板特征同成虫，中央有黄色纵纹，两侧各有1个黄褐色大斑。

3. 大地老虎

成虫：体长20~23 mm，前翅前缘棕黑色，其余部分灰褐色，具棕黑色肾状纹和环状纹。

老熟幼虫：体长41~60 mm，体色黄褐色，体壁多皱纹，臀板深褐色，具龟裂状纹。

(四) 发生规律

小地老虎是一种成虫具有远距离迁飞能力的害虫，从北到南每年发生2~7代。东北、西北地区年发生2~3代；黄河流域年发生3~4代；长江流域年发生4~5代；华南、西南地区年发生6~7代。其越冬特性与地理气候密切相关，南岭以南地区（1月平均气温≥8℃）：全年繁殖为害，无越冬现象；南岭以北至北纬33°之间的地区以老熟幼虫、蛹和成虫越冬；北纬33°以北地区（1月平均气温<9℃）无法越冬，越冬代成虫均从南方迁飞迁入。每年3月初，各地陆续出现越冬代成虫，3月下旬至4月上中旬进入成虫盛发期。小地老虎在春、夏、秋季均造成为害，其中以春季为害最为严重，第1、第2代幼虫的为害程度最高。

黄地老虎每年发生2~5代，其发生代数随纬度升高而减少。东北、内蒙古每年发生2代；西北每年发生2~3代；华北每年发生3~4代；黄淮地区每年发生4代；福建每年发生5代。越冬方式因区域气候而异，北方地区以幼虫或蛹在土壤内越冬，福建等南方温暖地区无越冬现象。在河北、河南、山东、安徽等地，越冬幼虫3月上旬开始活动，3月下旬至4月下旬陆续在土表下3 cm深处的土室中直立化蛹（头部向上），4—5月为越冬代成虫盛期。第1代卵高峰期在5月上旬，卵孵化盛期在5月中旬，5月中下旬至6

月中旬为1代幼虫为害盛期。黄地老虎春、秋两季均造成为害，春季为害程度重于秋季，一般第1代为害最重；在华北地区5—6月、黑龙江6月下旬至7月上旬、新疆5月下旬至6月中旬为害最为严重。与小地老虎相比，黄地老虎在黄淮地区发生较晚，为害盛期相差15 d以上。

大地老虎1年发生1代，以2~6龄幼虫在表土及田埂杂草丛下越冬，老熟幼虫在土壤中滞育越夏。3月初，当气温达8~10℃时，越冬幼虫开始为害，4—5月为害盛期。5月下旬，幼虫在土壤中筑土室滞育越夏，至9月中旬后化蛹，10月中下旬羽化产卵。幼虫孵化后在杂草上生活一段时间，随后进入越冬状态，其他习性与小地老虎相似。

（五）为害时期

地老虎在花生苗期为害最重。

（六）为害过程及症状

幼虫咬断花生嫩茎或幼根，导致整株死亡，部分幼虫还能钻入荚果内取食籽仁。1~2龄幼虫主要为害心叶、生长点或嫩叶，啃食叶肉并残留表皮，形成圆形"天窗"或小孔；3龄后幼虫潜伏土中咬食种子、幼芽，咬断幼苗基部的茎或叶柄，造成缺苗断垄。

三、金针虫

（一）简介

金针虫属昆虫纲鞘翅目叩头甲科，又称叩头虫、土蚰蜒、芨芨虫、钢丝虫、麦根虫等，是世界范围内花生上的常见地下害虫。

（二）分布与为害

我国为害花生的金针虫主要有沟金针虫、细胸金针虫和褐纹金针虫等。沟金针虫主要分布于长江流域以北至华北、西北及辽宁南部地区，是黄淮海平原旱作花生产区的优势种。细胸金针虫广布于我国南北各省（北至黑龙江、内蒙古，南至福建、广西），在淮河以北的东北、华北、西北旱作区发生更为普遍。褐纹金针虫主要分布于河北、河南、山西、陕西、甘肃、湖北、广西、云南等地，在丘陵山地花生产区为害较重。

（三）形态特征

1. 沟金针虫

成虫：体栗褐色，无光泽，身体密生刻点并密被金黄色细毛。头部扁平，头顶具三角形凹陷。雌虫体扁平，体长14~17 mm，宽4~5 mm；触角11节，黑色，锯齿状，长度约为前胸的2倍。雄虫体狭长，体长14~18 mm，宽约3.5 mm；触角12节，丝状，长达鞘翅末端；鞘翅长度约为前胸的5倍。成虫受压制时，头与前胸可做叩头状活动。

老熟幼虫：体金黄色，宽扁，头部与尾节暗褐色，体长20~30 mm，宽4~5 mm。体壁坚硬光滑，密被黄色细毛，体侧分布较密。头部扁平，上唇具三叉形突起，胸、腹部背面中央具1条细纵沟。

2. 细胸金针虫

成虫：体长8~9 mm，宽约2.5 mm；体细长，黄褐色，具金属光泽，密被灰色短毛。前胸背板近圆形（长大于宽），后缘角尖锐并向后延伸。鞘翅狭长，长度约为头胸部的2倍，末端渐尖，具9条纵列刻点；足赤褐色。

老熟幼虫：体长约32 mm，宽约1.5 mm；体细长，呈圆筒形，具光泽，体色淡黄。头部扁平，口器深褐色。第1~8腹节近等长，各节长度大于宽度。尾节圆锥形，背面近前缘处两侧各具1个褐色圆斑及4条褐色纵纹。

3. 褐纹金针虫

成虫：体长8~10 mm，宽约2.7 mm；体细长，黑褐色，密被灰色短毛。头部黑色，向前突出，密生刻点；触角暗褐色，第2、3节近球形，第4节长度显著大于第2、3节，第4~10节呈锯齿状。前胸背板黑色，刻点较头部细小，后缘角尖锐并向后突出；鞘翅狭长，黑褐色，长度为前胸的2.5倍，具9条纵列刻点。腹部暗褐色，腹面呈暗红色；足暗褐色。

老熟幼虫：体长 25~30 mm，宽 1.7~2.3 mm；体细长，呈圆筒形，棕褐色，具金属光泽。第 1 胸节、第 9 腹节红褐色；第 2 胸节至第 8 腹节背面前缘两侧各具深褐色新月形斑纹。头部梯形，扁平，具纵沟及小刻点。第 1 胸节长度略小于后两胸节长度之和；第 2 胸节至第 8 腹节背中央具细纵沟及微细刻点。第 9 腹节长而扁平，末端尖锐，骨化程度高；背面前缘具 2 个半月形斑，前部有 4 条纵纹，后半部密布粗大刻点及皱纹；末端具 3 个上翘小突起；肛腹板基部具 2 条明显横沟，基节周围密生刚毛。

（四）发生规律

沟金针虫通常 3 年完成 1 代，少数 2 年或 4~6 年完成 1 代，以幼虫和成虫在土中越冬，导致世代重叠严重。该虫适生于干旱环境，在旱作区有机质贫乏、土质疏松的砂壤土及黏壤土地发生较重。间作套作、少耕（土壤翻耕少）等栽培方式有利于金针虫发生。由于沟金针虫雌成虫活动能力弱，扩散能力受限，高密度发生田块经一次防治后，短期内种群密度不易回升。

细胸金针虫大多 2 年完成 1 代，内蒙古、东北一带普遍 3 年发生 1 代，以成虫、幼虫在 20~50 cm 土层越冬。该虫适生于干旱环境，在旱作区有机质贫乏、土质疏松的砂壤土及黏壤土地发生较重。间作套作、少耕（土壤翻耕少）等栽培方式有利于金针虫发生。由于沟金针虫雌成虫活动能力弱，扩散能力受限，高密度发生田块经一次防治后，短期内种群密度不易回升。

褐纹金针虫 3 年完成 1 代，以成虫和幼虫在土中越冬。该虫在水浇地、有机质丰富且土质疏松的地块发生较重。成虫发生期，日降水量达 4 mm 以上或连日降水，对其发生较为有利，干旱期若逢降水，成虫数量会显著增加，发生盛期和高峰期多出现在降水后 1~2 d；若遇干旱，发生期缩短，发生程度减轻；若温度偏低，出土始期推迟。

（五）为害时期

播种期、苗期和结荚期。

（六）为害过程及症状

金针虫终生栖息于土壤中为害花生，播种后取食花生种子，导致种子无法萌发；苗期金针虫咬食幼芽、地下茎及根系，被害部位呈不规则丝状裂痕，造成幼苗枯萎死亡，严重时出现缺苗断垄甚至全田毁种；花生结荚期，金针虫钻蛀荚果，导致减产。

第二节　地上害虫

青岛花生田地上害虫中，刺吸式口器害虫包括蚜虫、叶螨等，锉吸式口器害虫以蓟马为代表，咀嚼式口器的食叶害虫主要有棉铃虫、甜菜夜蛾、斜纹夜蛾等。刺吸式和锉吸式口器害虫的防治适期为花生出苗后至开花前，而咀嚼式口器的食叶害虫防治通常需贯穿整个花生生长期。

一、蚜虫

（一）简介

蚜虫属昆虫纲半翅目蚜科，别名苜蓿蚜、豆蚜、槐蚜，俗称蜜虫、腻虫等，是花生上的常发性害虫。

（二）分布与为害

蚜虫在世界各花生产区普遍发生，我国各花生产区均有分布，但不同产地及同一产地不同年份的为害程度差异显著，轻度发生田块花生减产20%~30%，严重发生田块可达50%以上，极端情况下甚至绝收。其寄主范围广泛，除花生外，还包括苜蓿、绿豆、豌豆、豇豆、芥菜、槐树、刺儿菜等200余种植物。

（三）形态特征

蚜虫分成蚜、若蚜和卵三种虫态。成蚜分为有翅胎生雌蚜、无翅胎生雌蚜；若蚜又分为有翅胎生若蚜、无翅胎生若蚜。

1. 有翅胎生雌蚜

体长 1.5~1.8 mm，体黑色、黑绿色或黑褐色，具光泽。触角 6 节，淡黄色，第 5 节末端及第 6 节暗褐色；第 3 节较长，具感觉圈 4~7 个（以 5~6 个居多），呈单行排列；触角长为体长的 1/7。复眼黑褐色。翅基、翅柄及翅脉橙黄色。足基节、转节、腿节末端、胫节末端及跗节灰黑色，其余部分黄白色。腹节背面具横条纹斑，第 1 节和第 7 节各有 1 对腹侧突。腹管漆黑色，圆筒形，端部稍细。尾片细长，基部缢缩，两侧各具刚毛 3 根。

2. 无翅胎生雌蚜

成蚜体黑色，具金属光泽，少数个体呈黑绿色，体长 1.8~2.0 mm，体粗壮，体节分界清晰。部分个体胸部及腹部前半部具灰色斑，或体被薄层蜡粉。触角第 1~2 节及第 5 节末端、第 6 节暗褐色，其余节淡黄色。

3. 有翅胎生若蚜

体黄褐色，被薄蜡质；腹管细长，黑色；尾片黑色，末端平直。

4. 无翅胎生若蚜

个体小，呈灰紫色，体节明显。卵长椭圆形，较肥大，初产淡黄色，后变草绿色，孵化前呈黑色。

（四）发生规律

蚜虫的发生受天敌、气象因素、寄主植物、品种抗性及耕作方式等多因素影响。

高温干旱（日均温 25~30℃，相对湿度<60%）利于蚜虫繁殖与扩散，而降水量较大（月降水量>100 mm）或高湿环境（相对湿度>70%）可抑制其发生；花生田周边若杂草丛生或靠近刺槐、国槐、紫穗槐等越冬寄主植物，常导致蚜虫发生早、为害重，因此及时清除田间及周边杂草、修剪寄主植物枝条，可有效抑制蚜虫繁殖、迁飞及为害。

蚜虫天敌资源丰富（约20种），包括瓢虫、草蛉、食蚜蝇、蚜茧蜂等昆虫天敌及蜘蛛类捕食者。其中，七星瓢虫耐寒性强但不耐高温，作为花生苗期优势天敌，于5月下旬至6月初从麦田迁入花生田，对早期蚜虫控制作用显著；龟纹瓢虫发生期较晚，田间滞留时间长，对中后期蚜虫种群有持续调控效果。

花生品种间抗蚜性存在显著差异，通常蔓生大花生品种受害重于丛生小花生，茎叶茸毛少的品种较茸毛多的品种受害更重。此外，地膜覆盖的反光特性可驱避有翅蚜迁入，减轻为害；播期差异也影响受害程度，夏播花生因避开蚜虫暴发期，受害普遍轻于春播花生。

（五）为害时期

花生从苗期至收获期均可受蚜虫为害。

（六）为害过程及症状

在幼苗顶土期（胚芽尚未出土），蚜虫可潜入土缝，在幼茎及嫩芽上取食；幼苗出土后，蚜虫聚集于顶端心叶及幼嫩叶片背面刺吸汁液。开花期，蚜虫转而为害花萼管与果针。受害植株表现为矮化、叶片卷曲，严重影响花生开花下针及荚果发育。当蚜虫暴发时，其分泌的大量蜜露黏附于植株表面，诱发煤污病（附生真菌侵染），导致茎叶发黑，甚至整株枯萎死亡。

二、叶螨

（一）简介

叶螨属蛛形纲螨目叶螨科，俗称红蜘蛛、黄蜘蛛、白蜘蛛等，是世界范围内花生上的常发性害虫。

（二）分布与为害

叶螨在我国各地普遍发生，为害花生的主要种类包括朱砂叶螨、二斑叶螨等。朱砂叶螨在南方花生产区（如华南、华东地区）发生较重，主要为害春花生和夏花生；二斑叶螨则以北方花生产区（如华北、东北地区）为害为主，尤其在干旱少雨年份发生猖獗。

(三) 形态特征

叶螨一生历经卵、幼螨、若螨、成螨四个发育阶段。幼螨具3对足，若螨与成螨均具4对足。雌成螨体长0.4~0.6 mm，宽约0.3 mm，雄成螨体长0.2~0.4 mm，宽约0.2 mm，雄螨腹末尖细。卵近球形，直径约0.1 mm，初产时无色透明，渐变为淡黄色、橙黄色或橙红色。卵孵化后发育为幼螨，幼螨蜕皮后变为前期若螨；雌若螨经蜕皮发育为后期若螨，而雄若螨仅经历前期若螨阶段（不再蜕皮），后期若螨体长0.2~0.4 mm。

1. 朱砂叶螨

成螨：雌成螨体长0.4~0.5 mm，体椭圆形，呈锈红色或深红色；体背两侧各有1块深褐色大斑，表皮纹呈菱形；背毛26根，长度超过横列间距。雄成螨体呈菱形，体长约0.4 mm，体色较雌螨浅，多为红色、锈红色或黄绿色。

卵：近圆形，孵化前呈微红色。

幼螨：体近圆形，半透明，取食后体色转为暗绿色，具3对足。

若螨：体椭圆形，前期体色较淡；雌性后期若螨体色变红，体侧具明显块状斑纹，具4对足。

2. 二斑叶螨

成螨：雌成螨体长0.53 mm，宽0.32 mm，体椭圆形，生长季节呈灰绿色、黄绿色或深绿色；体背两侧各有一个明显褐色斑，斑外侧呈三裂形。雄成螨体长0.37 mm，宽0.19 mm，体浅绿色或黄绿色，体背两侧斑不明显。

卵：近圆形，孵化前具2个红色眼点。

幼螨：体半球形，无色透明，取食后体色变暗绿色，具红色眼点。

若螨：体椭圆形，体色黄绿色至深绿色，体背两侧各有1个褐色斑，具红色眼点。

二斑叶螨与朱砂叶螨形态相似，主要区别在于：二斑叶螨生长季节无红色个体，体色近白色（肉眼观察呈白色或黄白色）；而朱砂叶螨成螨多为锈红色或深红色，具明显深褐色背斑。

（四）发生规律

叶螨1年发生10~20代，以雌成螨在土缝、杂草、枯枝落叶或树皮下越冬，常吐丝结网群聚潜伏。除自身爬行外，还可借助风雨、鸟兽、农具及种苗调运等途径传播扩散。翌年春季气温回升至10℃以上时，越冬螨开始大量繁殖，先在杂草等寄主上繁衍1~2代，于4月下旬至5月中旬迁入花生田。

叶螨兼具两性生殖与孤雌生殖能力，其中受精卵发育为雌螨，未受精卵发育为雄螨，世代重叠严重。成螨羽化后即交配，可多次交配，次日开始产卵，单雌产卵量50~128粒，卵多产于叶背。卵期2~13 d，幼螨及若螨期5~11 d，成螨寿命19~29 d。幼螨与前期若螨活动性较弱，后期若螨活泼贪食，具向上迁移习性；雄螨羽化后常协助雌螨完成蜕皮。当种群密度过高、食料不足时，成螨常于叶端群集成团，滚落地面后随风扩散蔓延。

叶螨发育最适温度为25~31℃，相对湿度35%~55%，高温低湿、通风不良的环境利于其暴发。冬春季节气温偏高、干旱少雨时，越冬基数大，田间发生早且为害重；而早春低温多雨、夏秋季急风暴雨或田间相对湿度持续高于80%，可显著抑制其发生。间作、邻作地块（尤其是前茬为豆类、瓜类作物），靠近村庄、果园、温室的向阳坡地，叶螨发生尤为严重。

（五）为害时期

花生全生长期均可为害。

（六）为害过程及症状

叶螨成螨与若螨多聚集于叶背刺吸汁液，导致叶正面出现失绿斑点，初为灰白色小点，后逐渐变黄，严重时全叶苍白、干枯脱落。成螨与若螨吐丝结网，在网内取食为害，严重时叶片表面覆盖白色丝网，部分地块可见花生叶因丝网粘连而成片干枯脱落，最终植株枯死、荚果干瘪。

三、蓟马

(一) 简介

蓟马属昆虫纲缨翅目蓟马科，种类繁多，分布广泛，多数种类为世界性农林业害虫。我国为害花生的蓟马种类主要有花蓟马、烟蓟马、稻管蓟马、西花蓟马等。

(二) 分布与为害

我国已记载蓟马300多种，其中为害花生的种类主要包括茶黄蓟马、端带蓟马、花蓟马、烟蓟马、稻管蓟马等，此外还有2003年传入我国的西花蓟马。花生蓟马的分布与为害具有显著地域特征，海南、云南、福建、广东等南方产区发生严重，常需每周施药防控，苗期植株生长受抑制明显；北方产区发生为害相对较轻。笔者2024年对新疆乌鲁木齐、吉林公主岭、山西汾阳、山东青岛（北方4地）及福建泉州、广东湛江（南方2地）的蓟马种群鉴定发现，其分布明显聚为南北两大产区，北方产区以花蓟马、西花蓟马和烟蓟马为优势种，南方产区以普通大蓟马为主。花蓟马、西花蓟马及普通大蓟马贯穿花生全生育期发生，而烟蓟马多在生育早期或中期为害。

(三) 形态特征

1. 茶黄蓟马

成虫：体呈橙黄色或黄色，体长 0.7~0.9 mm。头宽大于长，前胸宽度为长度的1.5倍。单眼3个，鲜红色，呈半月形。复眼大，红褐色，稍凸出于头部。触角丝状，共8节，长度约为头长的3倍，第1~2节淡黄色，第3~8节淡褐色，其中第6节最长。前翅狭长，黄褐色，近基部具1个淡黄色小区域。腹部第3~8节背片具暗前脊，第8腹节后缘栉齿状结构明显，第4~7节腹片前缘有深色横线。

卵：浅黄白色，肾形，直径约 0.07 mm。

若虫：共4龄。1龄白色，复眼红色；2龄黄色，中后胸宽度与腹部相当；3龄（前蛹期）为黄绿色，复眼灰黑色，翅芽白色透明（开始显现）；4龄（蛹期）为橘黄色，复眼前半部红色，后半部黑褐色。

2. 端带蓟马

端带蓟马又称端大蓟马、花生蓟马、花生端带蓟马、豆蓟马、紫云英蓟马等。

成虫：雌成虫体长1.6~1.8 mm，体黑棕色或黄棕色，前翅基部及翅端色淡。触角8节，暗棕色，第3~4节呈倒花瓶状。单眼间鬃较长，靠近后单眼，位于3个单眼中心连线的内缘。前翅暗棕色，基部与翅端具浅色区域。雄成虫显著小于雌虫，体色较浅，触角较纤细。

卵：肾形。

若虫：共4龄，体黄色，无翅。

3. 花蓟马

成虫：体长约1.4 mm，体褐色，雄虫体型小于雌虫。

卵：肾形，长约0.2 mm，宽约0.1 mm，孵化前可见2个红色眼点。

若虫：体长约1 mm，体基色黄，复眼红色。

4. 烟蓟马

成虫：体长1.0~1.3 mm，体黄褐色，背面色泽较深。复眼紫红色，单眼3个，呈三角形排列，单眼间鬃位于三角形连线的外缘。翅狭长，淡黄色，透明。腹部第2~8节背面前缘各具一条栗色横纹。

卵：长约0.12 mm，黄绿色，呈肾形。

若虫：共4龄。1龄若虫体长约0.37 mm，体白色透明；2龄若虫体长约0.9 mm，体色浅黄至深黄；3龄若虫（前蛹）和4龄若虫（伪蛹）外形与2龄相似，但活动能力弱，具明显翅芽。

5. 稻管蓟马

雌成虫体长 1.5 mm 左右，体黑色，具光泽。雄虫体色与雌虫一致，但虫体较小。头长大于前胸。足暗棕色，前足胫节略带黄色，各跗节黄色。前翅无色透明，基部略带暗棕色；翅中部收缩，末端圆形。

6. 西花蓟马

雄成虫体长 0.9~1.1 mm，雌成虫略大于雄成虫，体长 1.3~1.4 mm。体色红黄色至棕褐色，腹节黄色，边缘常呈灰色。腹部第 8 节具梳状毛。头、胸两侧常具灰色斑块。卵长 0.2 mm，白色，呈肾形。若虫体黄色，复眼浅红色。

(四) 发生规律

花生蓟马的分布与为害具有显著地域特征，总体呈现"南重北轻"的发生规律，且优势种类存在地理分化。南方产区（如海南、广东、云南）因温暖湿润的气候条件，蓟马发生早、世代多、为害重，常要每周施药防控；北方产区（如山东、河南、吉林）发生为害相对较轻，且种类组成存在差异。

茶黄蓟马在广东、广西、云南、贵州等南方地区 1 年发生 10~11 代，世代重叠，无明显越冬现象；江西年发生 8~10 代，山东、江苏年发生 4 代，以成虫或若虫在土壤缝隙、枯枝落叶层及树皮缝中越冬。成虫对绿色、黄色趋性显著，雌虫羽化后 2~3 d，将卵散产于嫩叶背面叶肉中，每个雌虫平均产卵 35~62 粒。发育历期随温度升高而缩短，22~30℃时，卵期 3.8~8 d，若虫期 7.4~15 d，成虫寿命 16.9~26.9 d，5—10 月完成 1 个世代仅需 10~20 d。

端带蓟马在江西、浙江、福建 1 年发生 6~7 代，世代重叠，以成虫在紫云英、葱、蒜、萝卜等寄主植物的叶背或茎皮裂缝中越冬。福建 3 月下旬、浙江 4 月上旬进入盛期，10 月下旬至 11 月开始越冬。广东地区春花生（3—5 月）、夏花生（7—8 月）、秋花生（9—10 月）为害较重；河南、山东等北方花生产区，5 月下旬至 6 月为害集中。端带蓟马卵多产于花萼或花梗组织内，卵期约

7 d；若虫为害 7 d 后，钻入表土 0.5~1 cm 深处蜕皮，先形成预蛹，后蜕皮发育为伪蛹，蛹期约 7 d。

花蓟马是向日葵、棉花、番茄、豇豆、草莓等作物上的主要害虫，也是为害花生的重要种类之一。其具有分布范围广、为害严重、隐蔽性强且携带多种植物病毒等特点，导致作物产量和品质受严重影响，2023 年被列入《一类农作物病虫害名录》。花蓟马在我国广泛分布，除西藏、青海、重庆等个别地区未见报道，其他大部分地区均有发生。其最适发育温度为 25℃，完成 1 个世代需 20 d 左右。

烟蓟马是一种世界性害虫，为害包括洋葱、韭葱、甘蓝、番茄、烟草、棉花等在内的多种农作物。成虫和若虫均通过刺吸植物叶片组织汁液为害，导致光合作用受阻。其生命周期短、繁殖力强，易在短时间内暴发成灾，严重影响作物产量和品质。

稻管蓟马在全国大部分稻区均有发生，广泛寄生于水稻、小麦、玉米、稗草、高粱等禾谷类作物及禾本科杂草。成虫白天多隐藏于纵卷的叶尖或心叶内，部分潜伏于叶鞘中；早晨、黄昏或阴天于叶表活动，爬行迅速，受振动后展翅迁飞，具有一定气流扩散能力。该虫在水旱轮作区可为害花生。以成虫在稻茬、落叶及杂草中越冬，早春为害小麦，随后转入水稻为害。其越冬虫源具有虫体小、繁殖快、为害隐蔽、识别困难等特点。成虫和若虫忌光耐旱，喜湿润环境，冬季温暖利于其越冬及提早繁殖。

西花蓟马起源于美洲西部，1996 年被我国农业部列为植物检疫潜在危险性害虫。2000 年昆明首次检出入侵种群，2003 年 6 月在北京海淀区大棚内再次发现其踪迹，随后在广东、海南、安徽、福建、江苏、山东等 20 余个省份先后记录到其为害。该虫寄主范围广泛，涵盖豆科、菊科、十字花科等 66 科 500 余种植物，可对所有开花植物造成为害：直接通过刺吸花、叶、芽、果实汁液导致农作物减产，间接通过传播病毒病加剧损失。西花蓟马生命力与繁殖力极强，温室内可全年繁殖，1 年发生 12~17 代。其环境适应性强，南方无明显越冬现象，北方种群大多迁入温室为害繁殖，少数于冬小麦、苜蓿等耐寒作物或枯枝落叶、土壤中越冬。

蓟马的发生受天气、食料、天敌及植株生长状况等因素影响。干旱条件利于其发生，高温（>30℃）或多雨（月降水量>100 mm）则抑制发生。其适宜发生温度为23~28℃，相对湿度40%~60%，具有较强耐寒性但不耐高湿。春暖干旱季节易暴发成灾，而大雨、阵雨频繁时为害显著减轻。当温度超过26℃时，为害强度下降；相对湿度超过75%时，若虫生长发育受阻，湿度达100%时若虫无法存活。

（五）为害时期

全生长期可发生，开花期前后发生最严重。

（六）为害过程及症状

蓟马成虫与若虫主要为害花生嫩叶，常群集于未张开的复叶内或叶背，凭借锉吸式口器锉伤并穿刺撕裂叶片、花器、嫩枝、嫩芽等部位，从中吸食汁液。嫩叶为主要受害器官，受害处叶脉两侧常呈现两条或多条纵向排列的红褐色条痕，进而导致叶片畸形——叶面突起、皱缩不展，呈典型的"兔耳状"畸形。此外，老叶、嫩茎、花器、叶柄等部位亦可受侵，严重时叶背形成连片褐纹，造成芽叶萎缩、叶片向内纵卷，质地僵硬变脆。受害花器常表现为不孕或结实率显著下降。

四、棉铃虫

（一）简介

棉铃虫属昆虫纲鳞翅目夜蛾科害虫，俗称钻心虫、棉桃虫等。

（二）分布与为害

棉铃虫广泛分布于南纬50°至北纬50°，是一种世界性的多食性农业害虫。在我国各地均有发生，以北方较重。近年来，随着Bt抗虫棉的大面积推广，棉铃虫逐渐向大面积花生种植产区转移，已上升为花生田主要害虫。

(三) 形态特征

成虫：体长 14~20 mm，翅展 30~40 mm。复眼球形，暗绿色。体色多变，有黄褐色、灰褐色、绿褐色、红褐色等。头胸部青灰色或淡灰褐色。雌蛾前翅多赤褐色至灰褐色，雄蛾多青灰色至绿褐色，前翅中部近前缘具深褐色环形纹及肾形纹，后者在雄蛾中更为明显；外横线处有深灰色宽带，带上分布 7 个小白点。后翅灰白色或褐色，翅脉深褐色，沿外缘具黑褐色宽带，宽带外缘中部有 2 个相连的白斑，前缘中部有 1 条浅黄色月牙形斑纹。

卵：初产时乳白色，后变黄白色，近孵化时呈紫褐色。卵呈近半球形，直径 0.5~0.8 mm，顶部微隆起。卵壳表面布满纵横纹，顶部观纵纹 12 条，中部观纵纹 26~29 条。

幼虫：通常 6 龄，少数 5 龄或 7 龄。老熟幼虫体长 40~45 mm，体色多变，有褐、黑、黄白、黄绿等；头部黄褐色，网纹清晰。

蛹：呈纺锤形，长 17~20 mm，初为淡绿色，渐变为绿褐色、黄褐色至深褐色，具光泽；复眼颜色由淡红色渐变为褐红色。

(四) 发生规律

棉铃虫 1 年发生 3~8 代，由北向南逐渐增多。其中在北纬 40°以北的辽宁、河北北部、内蒙古、新疆等地 1 年发生 3 代；在北纬 32°~40°的黄淮海流域 1 年发生 4 代；在北纬 25°~32°长江流域 1 年发生 5 代；在北纬 25°以南的华南地区 1 年发生 6~8 代。以蛹在土中越冬。在田间有龄期不齐、世代重叠现象。河南、山东、河北、安徽、江苏等地，是花生棉铃虫的重发区，以第 2~3 代幼虫为害花生，通常 6 月下旬至 7 月上旬第 2 代幼虫为害春花生，7 月下旬至 8 月上旬第 3 代幼虫为害夏花生。温度高、降水次数多、雨量适中、相对湿度适宜，利于成虫发生，产卵期延长，发生加重；但暴风雨对卵和幼虫有冲刷作用，土壤湿度过高，蛹死亡率增加，不利于其羽化。水肥条件好、施氮肥量大、植叶鲜嫩荫蔽、田间湿度较大，利于发生；前茬是麦类、绿肥或与玉米邻作的花生田发生严重。

棉铃虫以蛹在 5~10 cm 深的土壤中越冬，幼虫孵化高峰期为 6 月下旬至 7 月上旬、7 月下旬至 8 月上旬，完成一个世代需 30 d，9 月下旬至 10 月上旬棉铃虫在末代寄主田中入土化蛹越冬。成虫具有较强的趋光性，产卵有趋嫩习性。一般在干旱年份、氮肥施用过量都会增加该类型虫害的发生。棉铃虫的发生期和发生量与温、湿度有密切关系，其适宜发生温度为 22~28℃，相对湿度为 70%~80%，7—8 月降雨次数多、雨量适中、相对湿度适宜，则棉铃虫的产卵期延长，发生严重；反之，则轻。花生生长茂密、田间荫蔽、枝叶鲜嫩且湿度较高时，为棉铃虫提供优质食料和庇护场所，虫害发生概率显著增加。

（五）为害时期

花生全生长期。

（六）为害过程及症状

幼虫主要在叶片背面剥食，对花生幼嫩叶片及花蕊造成损害，致使嫩叶出现孔洞与缺刻。在暴食期，它们甚至能将叶片全部吃光，仅留叶柄，让花生植株形成光秆。同时，幼虫偏好花生的花，在为害盛期，能吃掉花生当天开放的所有花朵，这会导致果针入土数量减少，进而造成果重减轻、饱果率下降。

五、斜纹夜蛾

（一）简介

斜纹夜蛾属昆虫纲鳞翅目夜蛾科，又名莲纹夜蛾、斜纹夜盗蛾，分布极广，具有暴发性、多食性，是一种为害性很大的世界性害虫。

（二）分布与为害

斜纹夜蛾是一种世界性分布的重要农业害虫，广泛分布于大部分花生产区。在我国，长江流域的江西、湖北、湖南、江苏、浙江、安徽，以及黄河流域的河南、河北、山东等地，该害虫发生密度较大，为害严重。

(三) 形态特征

成虫：体长 14~20 mm，翅展 30~42 mm。头、胸、腹部均为深褐色，胸部背面有白色丛毛。与雄虫相比，雌虫前翅呈灰褐色，雄虫前翅颜色则较深。前翅基部有若干白线，内横线和外横线呈灰白色、波浪形，二者中间有白色斜条纹。从前缘伸向后缘，在内、外横线间有 3 条灰白色斜纹，不过雄蛾的这 3 条灰白色斜纹并不明显。后翅为白色且半透明，微微闪烁紫光。环状纹不明显，肾状纹前部呈白色，后部为黑色。

卵：半球形，直径 0.4~0.5 mm。表面有细网状花纹，纵纹自顶部直达底部，中部共有 36~39 条。卵粒 1~4 层排列成块，表面覆盖黄褐色疏松绒毛。初产黄白色，后为浅紫褐色，孵化前呈紫黑色。

幼虫：龄期一般为 6 龄，少数为 7~8 龄。老熟幼虫体长在 35~51 mm，头部呈黑褐色，体色丰富多样，常见的有灰黄色、褐色、黑褐色以及暗绿色等。从幼虫的中胸至第 9 腹节，在亚背线内侧各有 1 对近三角形黑斑，这些黑斑在第 1、第 7 和第 8 腹节处最为显著。同时，气门线上也分布着黑点。

蛹：圆筒形，长 15~20 mm，赤褐色至暗褐色。头部钝圆，尾端尖细，腹部第 4 节至第 7 节近前缘处有圆形刻点。

(四) 发生规律

斜纹夜蛾一年发生多代，世代重叠现象严重，不同地区发生代数各异。在东北地区，1 年发生 3~4 代；华北及黄河流域，1 年发生 4~5 代；长江流域，1 年发生 5~6 代；华南地区，1 年发生 6~9 代。通常情况下，各地在 6—10 月斜纹夜蛾发生严重，其中以 2~3 代幼虫为害程度最高。

斜纹夜蛾生长发育适宜温度为 20~38℃，最适环境温度为 28~32℃，相对湿度 75%~85%。该害虫喜温且耐高温，但抗寒能力较弱，长江以北地区大多难以安全越冬。其发生时间与发生量，受营养条件、生态环境、天敌种类及数量等因素影响。在气候方面，温暖、干燥、少暴雨的条件利于其发育、繁殖，易猖獗为害；当温度高于38℃，或冬季低温且土壤干燥，以及蛹期雨水过多、初孵幼虫期遭遇暴风雨时，则对其发生不利。尤其是暴风雨，对初孵幼虫有很强的冲刷作用，易导致幼虫大量死亡。

一般来说，在花生种植区域，若间种、复种指数高，田间及周边杂草丛生，或者地块紧邻菜田，斜纹夜蛾发生情况往往较为严重。此外，斜纹夜蛾成虫具有昼伏夜出的习性，飞翔能力强，还会随气流迁飞。

（五）为害时期

斜纹夜蛾在花生整个生长期均可为害，以开花下针至结荚期为害最重。

（六）为害过程及症状

斜纹夜蛾幼虫主要取食花生叶片，同时也会对幼嫩茎秆、叶柄、花及果针造成为害。3龄前，幼虫集中在叶背取食叶肉，致使叶片形成不规则的透明白斑，仅残留上表皮或叶脉，呈现出纱窗透明状。到了4龄，幼虫开始分散活动，进入暴食期，它们会把叶片咬出缺刻与孔洞，严重时，单株花生叶片仅剩下叶脉，呈现出类似扫帚的形态。与此同时，幼虫还会侵害幼嫩茎秆，钻进叶鞘内蛀食，将内部组织吃空，并排泄粪便，进而导致新叶腐烂或生长停滞。随着龄期增长，幼虫对花及果针的为害也更为明显，大量幼虫聚集时，常常会把全田花生植株的叶片吃光，仅留下光秃秃的茎秆或少量叶脉，严重影响花生产量与品质。

六、甜菜夜蛾

（一）简介

甜菜夜蛾又名玉米叶夜蛾、玉米小夜蛾、玉米青虫、贪夜蛾。

（二）分布与为害

在我国辽宁、安徽、海南、广东、山东、河南、江苏等20多个省份均有分布。近年来，在我国南方为害尤为严重，局部地区暴发成灾。

(三) 形态特征

成虫：体长 10~14 mm，翅展 25~30 mm，体呈灰褐色，成虫前翅的内横线、亚外缘线灰白色，外缘线由一列黑色三角形斑组成，翅脉与缘线黑褐色。成虫较明显的特征是前翅中央近前缘外方有一个肾形斑，内有一个环形斑，均为黄褐色，有黑色轮廓线。后翅银白色，略带粉红色，翅缘灰褐色。

卵：圆馒头形，卵粒重叠，形成 1~3 层卵块，有黄土色浅绒毛覆盖。

幼虫：体色变化丰富，涵盖绿色、暗绿色、黄褐色以及黑褐色等。在 3 龄之前，多数幼虫呈现绿色。幼虫较为明显的特征是，从胸部第 1 节至腹部第 8 节，每一体节气门后上方各有一个清晰的白色斑点。气门下线为显著的黄白色纵带，该纵带从前端贯穿至腹末。通常情况下，幼虫体色越深，这些白色斑点就愈发醒目，这是识别该种幼虫的关键特征。

蛹：体长约 10 mm，呈圆筒形，虫体为黄褐色。蛹体腹部末端生有一对臀棘，臀棘基部相连，端部尖锐并略向外弯曲。

(四) 发生规律

甜菜夜蛾繁殖力强、世代重叠严重，具有喜旱、耐高温、抗药性强和迁飞能力强等特点，是重要农业害虫之一。在北方地区不能野外越冬，傍晚前后，气温降低，幼虫陆续爬出活动，夜间及阴雨天为害最盛。成虫昼伏夜出，有较强的趋光性，产卵趋嫩性，卵成块产于叶片背面或叶柄。甜菜夜蛾适应温度范围很广，18~38℃ 范围内各虫期的生长发育速度与温度呈线性相关，高温干旱是甜菜夜蛾大发生的重要原因之一，温度越高，生长速度越快，在高温条件下，甜菜夜蛾生殖力旺盛，且飞行、交配、产卵等活动较为活跃，发育历期短，存活率高，造成世代重叠。降雨能提高大气湿度，不利甜菜夜蛾的生长发育。砂壤土上虫害发生重于黏土，其原因是砂壤土疏松，适于幼虫的栖息和繁殖，黏土土块大，不太利于幼虫的栖息和繁殖。

(五) 为害时期

花生幼苗期和开花下针期均可为害。

(六) 为害过程及症状

其主要以幼虫进行为害。1~2龄幼虫常于叶背面群聚，吐丝结网，并在网内啃食叶背和叶肉，仅留下上表皮，致使叶片呈现出"天窗"状。3龄之后，幼虫开始分散活动为害植株。当幼虫发育到4龄，便进入暴食阶段，它们会将花生叶片咬出不规则的破孔。在为害严重的情况下，幼虫能把花生叶片全部吃光，仅残留叶脉和叶柄，进而对花生产量造成严重影响。

第四章　青岛花生田害虫防控原理与方法

青岛地区花生种植面积广泛，产业基础良好。然而，田间生态环境复杂多样，为虫害滋生提供了温床，不同生育期的花生都面临害虫不同程度的为害。因此，构建科学、系统的田间虫害绿色防控体系，成为保障花生产量和品质、推动花生产业可持续发展的关键。

长期以来，化学农药在花生虫害防治中占据主导地位，但其引发的负面效应，严重制约农业可持续发展。据统计，全球每年农药产量为25亿kg，其中杀虫剂占30%左右，大多为化学杀虫剂。农药残留超标问题不仅威胁产品质量安全，还导致土壤、空气和水等生态环境遭受污染。研究表明，化学农药在杀灭害虫的同时，也大量杀伤瓢虫、草蛉等天敌昆虫，打破生物链平衡，使害虫因缺乏自然制约而再度泛滥，陷入"越治越重"的恶性循环。

近年来，生物农药凭借不杀伤天敌、环境友好、对人畜低毒等特性，成为绿色防控的核心力量。我国成功将苏云金芽孢杆菌、阿维菌素等生物制剂用于虫害防治，有效降低化学农药依赖度。

花生田害虫防控要以"预防为主，综合防治"为总方针，优先以农业防控、物理防治、生物防治为主，少量适量、科学合理使用化学农药防治为辅。不同花生生长时期采用多种举措，先采用轮作倒茬、选用抗虫品种等农艺措施改善田间生态，利用杀虫灯、性诱剂等物理手段精准诱捕成虫，释放赤眼蜂、喷施生物菌剂等生物防治方法控制害虫种群，仅在虫害暴发的关键节点，科学、精准、限量地使用低毒低残留化学农药，实现花生虫害防控与生态环境保护的协同发展，为花生产业高质量发展提供保障。

第一节　农业防治

农业防治是绿色防控体系中的基础环节，指在农业生产过程中，采用一系列农业技术和方法来系统性预防和控制作物虫害的发生和蔓延。农业防治通过调节耕作制度、优化栽培模式，改善田间生态环境，在提高农作物的产量和质量同时，保护农作物免受虫害的侵害。具体防治措施如下。

第一，轮作防控。

轮作通过切断害虫食物链，打破害虫种群的连续繁殖周期，防控农业害虫的重要手段。在花生种植中，要避免2年以上在同一地块种植花生。适合花生的轮作模式有水旱轮作和旱旱轮作。

水旱轮作：花生与水稻等作物交替种植，让耕地有一个干湿交替的过程，利用干湿交替的土壤环境抑制害虫滋生，水旱轮作还能培肥地力、提高花生与水稻单产和品质，实现经济、生态双丰收。花生也可以与芹菜、茼蒿、菠菜、油菜、蒜苗、芫荽等耐低温的蔬菜轮作，能有效防控虫害的发生。

旱旱轮作：在无水旱轮作条件的地方，可以选择与小麦、玉米、大豆、芝麻、甘薯、瓜类等作物轮作。对于虫害高发地块，建议实施3~5年的轮作周期，以达到最佳防治效果。轮作是最简单有效的防治害虫方法。

第二，间作防控。

间作模式有高效间作模式和诱杀间作模式两种类型。

高效间作模式：花生与玉米、甘蔗间作，生物群落和食物的多样化，能促进天敌昆虫繁衍，利于天敌昆虫种群数量的增长，对控制害虫有一定作用。

诱杀间作模式：在田间种植害虫偏好的诱杀作物，将害虫集中诱捕至特定区域后统一杀灭，可以大幅减少化学药剂施用面积。

第三，邻作防控。

邻作可以利用天敌捕杀害虫，比如地边种植红麻、菜豆、甘薯、野菊、野胡萝卜等，有利于天敌聚集，可以用天敌捕杀害虫。邻作还可以栽植一些芋头、甘蓝、大葱、棉花、蓖麻等害虫比较喜食的作物，引诱成虫产卵，随后集中销毁虫卵，阻断其繁殖链。

第四，其他农艺措施。

土壤管理：高温暴晒，冬前深耕，冬季冬灌，春播细耕，都可灭虫。高温下翻耕土壤并暴晒 2~3 d，休耕期灌水覆膜闷 3 d，可有效杀灭土壤中的虫卵与蛹；冬前深耕能破坏害虫越冬场所，降低越冬虫口基数；冬天对农田进行灌溉，既能促进土壤风化，又可冻死越冬害虫；春季播种前精细整地与旋耕，可清除地表卵粒。

清洁田园：花生收获后，及时处理藤蔓和田间残枝落叶，以及地头、路边杂草，破坏害虫的越冬环境，杀灭害虫，减少虫源，减轻为害。早春结合种植，铲除田间和地边杂草，并运出田外，集中烧毁或沤肥，消灭杂草上的初龄幼虫和卵块，破坏早期虫源滋生、栖息场所，减少虫源。

合理施肥：优先施用腐熟的有机肥或农家肥，深施入土；合理配比氮、磷、钾肥，增强植株抗虫性。

田间管理：根据气候条件适时播种，优化种植密度，通过中耕培土、合理灌溉（避免田间积水）、及时除草等措施，改善田间通风透光条件，培育健壮植株。

人工捕杀：在田间管理过程中，及时摘除虫卵及初孵幼虫聚集的叶片，必要时进行人工捕杀。

一、蛴螬农业防治

（一）轮作防控

推行科学轮作是抑制蛴螬种群繁衍的关键策略。花生与水稻实施水旱轮作，干湿交替的土壤环境，可显著破坏蛴螬的栖息与繁殖条件，有效降低虫口密度。在缺乏水旱轮作条件的区域，可采用花生与玉米、高粱等作物的旱旱轮作模式，利用非寄主植物阻断蛴螬食物链，同样能对其种群数量起到控制作用。

（二）间作防控

采用花生与玉米、甘蔗间作，利用生物多样性原理，构建复杂的田间生态系统，促进天敌种群增长，发挥自然控虫效能。

在花生田内间作蓖麻，蓖麻含有的蓖麻毒素对蛴螬成虫具有驱避和毒杀作用，可有效诱杀取食成虫；或种植蛴螬更偏好的作物作为诱集植物，将害虫集中诱至特定区域，再进行集中消杀，从而大幅减少花生田的虫害压力。

（三）邻作防控

通过在田边种植功能植物，可有效吸引并聚集蛴螬天敌。红麻、菜豆、甘薯等植物能为寄生蜂、步甲提供蜜源与栖息场所；野菊、野胡萝卜等野生植物则可作为天敌昆虫的庇护所，形成有利于天敌生存繁衍的微生态环境，增强防控效果。

（四）种植抗病品种

推广种植抗虫品种是经济高效的防控手段。研究表明，潦花1号和远育1628等花生品种对蛴螬具有一定抗性。

（五）其他农艺措施

在入冬前进行深耕深翻，深度达 25~30 cm，将土壤深层的蛴螬翻至地表，使其因低温、干燥或天敌捕食死亡；结合耕地、播种、收获等农事活动，人工捡拾暴露的蛴螬，直接降低虫口数量。

实施科学的水肥管理，严禁施用未腐熟的有机肥，避免因发酵过程产生的气味吸引蛴螬成虫产卵；保持田间适度干燥，避免积水，破坏蛴螬喜湿的生长环境，抑制其生长发育。

二、地老虎农业防治

（一）轮作防控

地老虎多以幼虫或蛹在土壤中越冬、化蛹，水旱轮作通过改变土壤含水量与通气性，可显著破坏其生存环境。在具备条件的地区，推行花生与水稻等作物的水旱轮作模式，可利用干湿交替的生态胁迫，有效杀灭土壤中越冬及化蛹的地老虎，同时抑制其幼虫孵化。在不具备水旱轮作条件的区域，可采用花生与玉米、小麦等禾本科作物的旱旱轮作，通过改变田间植被类型与根系分泌物成分，减少地老虎成虫产卵选择类型，降低虫源基数。

（二）间作防控

依据地老虎成虫对蜜源植物的趋性，采用诱杀性间作模式可有效降低虫口密度。在花生田间间作大葱、红花、芝麻、谷子等蜜源植物，可吸引地老虎成虫取食花蜜并产卵。建议在花生播种后 7~10 d 完成与蜜源植物间作。

（三）其他农艺措施

春播前通过精细整地与旋耕作业，可直接破坏土壤表层的地老虎卵块，降低孵化率；秋季高温期翻耕土壤并暴晒 2~3 d，杀灭土表及浅层土壤中的幼虫与蛹；冬季进行冬灌处理，使土壤含水量提升至饱和状态，一方面通过低温冻害直接杀灭越冬虫态，另一方面破坏地老虎越冬场所的温湿度平衡，减少越冬基数。

早春时节，及时铲除田边及田间杂草，破坏地老虎幼虫早期栖息与取食场所。若已发现幼虫，应优先喷施低毒生物农药（如苏云金芽孢杆菌制剂），待幼虫中毒失活后再进行除草作业，避免因除草惊扰幼虫导致其向花生植株迁移。清除的杂草需集中进行高温堆肥或焚烧处理，防止残留虫卵或幼虫二次扩散。

三、金针虫农业防治

（一）轮作防控

金针虫具有寡食性或多食性特点，喜食禾本科、豆科植物根系，且在土壤中存活周期长达 2~5 年。基于其生态习性，采用轮作模式可有效切断食物来源、破坏栖息环境。研究表明，与棉花、芝麻、油菜、麻类等直根系作物轮作，能够显著改变土壤微生态环境，减少金针虫种群密度。其中，水旱轮作（花生与水稻轮作）通过干湿交替的土壤环境胁迫，可使金针虫越冬幼虫和蛹的死亡率提升30%~50%，是最为有效的防控策略。在缺乏水田条件的区域，建议实施3~4年轮作周期。

(二) 其他农艺措施

在深秋或初冬土壤封冻前进行深耕，深度达25~30 cm，通过机械翻动，将金针虫暴露于地表，使其因低温、干燥或天敌捕食死亡；结合精耕细作与翻耕晾晒，持续3~5 d，利用紫外线和高温进一步杀灭土壤中的虫卵、幼虫及蛹，有效减少越冬虫源基数。施用充分腐熟的有机肥料，避免未腐熟有机肥吸引金针虫成虫产卵。

加强田间杂草清除与中耕除草作业，破坏金针虫栖息场所并减少其食物来源。杂草不仅为金针虫提供庇护，其根系分泌物还可能吸引成虫产卵，因此需定期铲除田间及周边杂草，并进行集中高温堆肥或焚烧处理。同时，通过中耕除草疏松土壤，改善土壤通气性。

四、蚜虫农业防治

(一) 轮作防控

蚜虫具有较强的寄主专化性，偏好刺吸豆科植物汁液，且繁殖速度快，世代重叠现象显著。采用轮作模式可有效切断食物来源，降低虫口基数。建议与非豆科作物如玉米、甘薯、小麦等进行轮作，通过改变田间植物群落结构，减少蚜虫对花生的定向选择。此外，花生与水稻轮作能显著改变土壤和田间小气候，破坏蚜虫生存环境，抑制其种群繁衍。避免2年以上在同一地块种植花生。

(二) 间作与邻作防控

利用蚜虫对某些植物挥发物的趋避特性，在花生田内间作薄荷、艾草、大蒜等具有天然驱虫效果的植物。这些植物释放的挥发性化合物（如薄荷醇、大蒜素）能够干扰蚜虫的嗅觉定位，避免其在花生植株上的降落与取食。

在田边种植蚜虫喜食的白菜、萝卜等十字花科植物作为诱集带，将蚜虫集中防治。比如定期对诱集植物喷施生物农药或进行人工清除，可有效降低花生田的蚜虫密度。

花生田周围地块，尽量规避种植豌豆等蚜虫寄主植物，以防止蚜虫转移为害花生。

（三）其他农艺措施

花生收获后，及时清除田间残株、落叶及杂草，集中进行高温堆肥或焚烧处理，消灭蚜虫越冬场所及残留虫源。早春时节，铲除田边、地头杂草，破坏蚜虫早期栖息与繁殖环境，降低春季初始虫口数量。

通过科学规划种植密度，改善田间通风透光条件，降低空气湿度，营造不利于蚜虫繁殖的微环境。

适量增施磷、钾肥，控制氮肥，避免植株因氮肥过量导致徒长、组织幼嫩而吸引蚜虫。

保持田间适度干燥，干旱时适时灌溉，采用滴灌或沟灌方式，避免为蚜虫提供适宜的生存环境。

在花生生长初期，采用银灰色地膜覆盖，利用蚜虫对银灰色光的趋避性，减少其迁入；人工摘除蚜虫聚集的叶片，集中销毁，降低虫口密度。

五、叶螨农业防治

（一）轮作防控

花生叶螨具有较强的寄主专一性，喜食豆科植物，且繁殖能力强、世代重叠严重。将花生与玉米、高粱、甘薯等非豆科作物进行轮作，通过改变田间植物群落结构，切断叶螨食物链，减少其对花生的侵害。此外，水旱轮作（如花生与水稻轮作）能显著改变土壤湿度与田间小气候，破坏叶螨生存环境，有效抑制其种群繁衍。实施轮作是降低虫口基数的关键措施。

(二) 间作与邻作防控

在花生田内间作藿香、薄荷、艾草等具有天然驱虫效果的植物。这些植物释放的挥发性化合物（如萜类、酚类物质）能够干扰叶螨的化学感知系统，减少其在花生植株上的聚集与取食。

在田边种植大豆、豇豆等叶螨喜食的豆科植物作为诱集带，将叶螨集中诱至这些作物上，定期对诱集植物喷施生物农药或进行人工清除，进行集中防治。

(三) 其他农艺措施

花生收获后，及时清除田间残株、落叶及杂草，集中进行高温堆肥或焚烧处理，消灭叶螨越冬场所及残留虫源。早春时节，铲除田边、地头杂草，破坏叶螨早期栖息与繁殖环境，降低春季初始螨口数量。

增施钙、磷、钾肥，配合施用有机肥，增施钙肥可提升叶片表皮厚度，增强对叶螨的抗性，降低叶螨取食率。

干旱时及时灌溉，采用滴灌或喷灌方式，保持土壤适度湿润，防止因干旱导致叶螨暴发。

人工摘除叶螨聚集的叶片，集中销毁，并对受害严重的植株进行拔除处理，可防止虫害扩散。

六、蓟马农业防治

(一) 轮作防控

蓟马除为害花生外，还喜食茄科、葫芦科等多种作物，且繁殖速度快、世代更替频繁。为切断其食物来源，应避免 2 年以上在同一地块种植花生。优先选择与水稻、玉米、甘薯等非寄主作物进行轮作。其中，水旱轮作模式通过干湿交替的环境变化，可显著破坏蓟马的栖息场所与繁殖条件，降低虫口基数。旱旱轮作则可通过改变田间生态环境，减少成虫产卵选择，有效抑制其种群繁衍。

(二) 间作与邻作防控

在花生田内间作薰衣草、迷迭香、罗勒等具有天然驱虫效果的植物，但不要和春季开花多、花蕾期长的植物间作。薰衣草、迷迭香等释放的挥发性精油（如芳樟醇、桉叶素）能够干扰蓟马在花生上取食。花蕾期长的植物会吸引蓟马聚集产卵。

在田边种植蓟马偏爱的葱、蒜、韭菜等百合科作物作为诱集带，利用其散发的气味吸引花蓟马成虫聚集产卵。定期对诱集植物进行药剂防治或人工清除，可将害虫集中消灭，避免其向花生扩散。

（三）种植抗病品种

种植抗虫品种是最经济有效的方法。有文献报道，花育24号等对蓟马有一定的抗性。

（四）其他农艺措施

花生收获后，及时清理田间残株、落叶及杂草，集中进行高温堆肥或焚烧处理，破坏蓟马的越冬场所和藏匿环境，杀灭残留虫源。早春时节，全面铲除田边、地头杂草，破坏成虫早期栖息与繁殖场所，降低虫害初始发生率。

优化花生种植密度，保持植株间通风透光，生长中后期及时摘除底部老叶、病叶，减少害虫藏匿空间，同时改善田间小气候。

避免过量施用氮肥，防止植株徒长导致组织幼嫩而吸引蓟马取食。增施磷、钾肥及有机肥，增强花生植株抗性。

播种时选用银灰色地膜覆盖，利用蓟马对银灰色的忌避性，减少成虫迁入；同时地膜覆盖可提升地温、保持土壤湿度，促进花生健壮生长，间接增强抗虫能力。

花生田设置蓝色粘虫板，利用蓟马对蓝色的趋性进行诱捕；人工摘除虫害严重的叶片和花朵，集中销毁。

七、棉铃虫农业防治

（一）轮作防控

轮作破坏棉铃虫的生存条件，与玉米、小麦、甘薯等非寄主作物进行轮作，通过改变田间植物群落结构，降低棉铃虫成虫产卵选择率。2年以上在同一地块种植花生，会加重棉铃虫的发生与为害。

（二）间作与邻作防控

利用棉铃虫成虫在玉米心叶内潜藏的习性，可与玉米套种，其高大植株和嫩绿组织吸引成虫产卵，将棉铃虫集中人工消灭，防止其转移为害花生。

（三）其他农艺措施

冬季翻土耙地，深耕深翻，消灭越冬蛹；灌水风化土壤，冻死害虫；麦收后及时中耕灭茬，消灭一代蛹，降低成虫羽化率。加强田间管理，清除杂草，合理浇水，适当控制氮肥用量，防止花生徒长。人工巡查田间，及时摘除带有棉铃虫卵块或初孵幼虫的叶片，集中销毁，降低虫口密度，防止虫害扩散。

八、甜菜夜蛾农业防治

（一）轮作防控

甜菜夜蛾属多食性害虫，迁飞能力强、繁殖速度快。为切断其食物来源与生存链条，要避免花生与棉花、甘蓝、番茄等甜菜夜蛾喜食作物连作。还要避免2年以上在同一地块种植花生。优先推荐与水稻、玉米、小麦等非寄主作物进行轮作。

（二）其他农艺措施

冬季深翻，能使越冬蛹暴露在土面，被冻死或被天敌吃掉，减少翌年虫源发生基数。清洁田园，加强田间管理。早春铲除田间和地边杂草，消灭杂草上的初龄幼虫和卵块，破坏早期虫源滋生、栖息场所，减少虫源。在无作物时，灌水盖膜，保持高温水浸3 d，可以杀灭土中卵块和蛹，降低小环境内的虫口基数。

九、斜纹夜蛾农业防治

（一）轮作防控

水旱轮作能有效防控病虫草害的发生。尽量避免2年以上在同一地块种植花生。花生间种、复种指数高、田间及周边杂草多或紧邻菜田的地块发生重。

（二）间作与邻作防控

在田间地头零星栽植芋头、甘蓝、大葱、棉花、蓖麻等斜纹夜蛾比较喜食的作物，引诱成虫产卵，然后集中消灭。

（三）其他农艺措施

在卵盛期至初孵期，田间查找卵块和纱网状被害叶，人工抹杀卵块和幼虫群，以减少虫源。

合理安排种植适期，及时中耕培土，结合中耕培土可灌溉灭蛹。合理密植，培育壮苗，增加田间通风透光。

科学施肥，增施磷肥、钾肥，重施基肥、充分腐熟的有机肥。

收获后翻耕晒土或灌水，及时清除田间及周边杂草，以破坏或恶化其化蛹场所，有助于减少虫源。

第二节 物理防治

物理防治是指利用光、热、电、声等物理因子对害虫种群实施控制，还包括最原始、最简单的人工捕捉法和诱集捕杀法等多种手段方法。物理防治技术能杀死害虫，对环境无污染，体现了绿色防治的理念。诱集捕杀法中应用最多的就是灯光诱杀和色板诱杀。灯光诱杀法在生产中主要应用的有白炽灯、高压汞灯、黑光灯等，当前普遍使用的杀虫灯是采用交流电频振式杀虫灯或太阳能杀虫灯。色板诱杀是目前害虫绿色防控技术中比较成熟的技术。黄板可诱杀蚜虫、白粉虱、烟粉虱、飞虱、叶蝉、斑潜蝇等，蓝板可诱杀蓟马等昆虫。色板诱杀在实际生产中取得显著成效，为精准防控特定害虫提供了可靠的技术支持。

一、蛴螬物理防治

蛴螬的成虫具有趋光性，成虫发生期，使用频振式杀虫灯、黑光灯、高压汞灯等诱杀成虫，田间连片规模设置效果更好。每30~50亩安装灯1盏，悬挂高度1.5~2 m，一般5月中旬至8月底，每天19：00至次日4：00开灯，可诱捕成虫，减少成虫产卵量，进而降低蛴螬的发生数量。

在蛴螬发生密度较大的地块，可结合耕地、播种、收刨、复收、翻耕土地、中耕除草等，直接人工捡拾蛴螬，集中进行处理。利用金龟甲的假死性，在出土高峰期至产卵前，组织人工晚上振动植株捉虫，可以有效减轻蛴螬为害。

二、地老虎物理防治

地老虎成虫有较强趋光性，成虫发生期，于田间每隔一定距离（通常50~100 m）安装黑光灯、频振式杀虫灯或太阳能杀虫灯。天黑后开启，灯光散发的光线能吸引成虫飞向光源，使其撞击灯外设置的电网或落入集虫装置，从而集中捕杀，减少成虫基数，抑制后续幼虫孵化。清晨巡视田间，如幼苗出现被咬断、心叶被咬食等受害症状时，拨开植株周边表土3~5 cm即可发现幼虫，可采用人工捉虫捕杀。此外，傍晚将泡桐叶、灰菜等叶片用水浸湿，均匀铺放在田间，每亩放置80~100片，清晨掀开叶片，即可捕捉潜伏在其下的幼虫。

三、金针虫物理防治

利用金针虫成虫的趋光性，于成虫发生期，使用频振式杀虫灯、黑光灯等诱杀。每年春耕和秋翻时，捡拾成虫和幼虫，可用作家禽饲料。在田间人工巡查发现金针虫为害症状后，可在植株周围扒开土壤，直接人工捕杀金针虫幼虫。也可在清晨或傍晚，在田边或地头寻找金针虫成虫，进行人工捕捉。

四、蚜虫物理防治

在花生播种时，覆银灰色薄膜。银灰色对蚜虫有驱避作用，能有效减少蚜虫飞向花生田，降低蚜虫的发生概率。利用蚜虫的趋黄性，在有翅蚜迁飞期，在花生田每隔一定距离悬挂黄色粘虫板进行诱杀。一般每亩放置 20~30 块，粘虫板底边距离地面 0.5~1 m。蚜虫会被黄色吸引并粘在板上，从而达到捕杀的目的。当蚜虫发生初期，可对花生植株进行清水冲洗，减轻蚜虫的为害。

五、叶螨物理防治

放置黄色粘虫板可以诱杀叶螨。田边地头用薄膜覆盖，薄膜反光，可以减少叶螨数量。

六、蓟马物理防治

种植花生时覆盖地膜，可减少蓟马入土化蛹的机会，降低虫口密度，同时能起到一定的隔离作用。

利用蓟马对蓝色有强烈趋性的特点，采用蓝色粘虫板诱杀。每亩放置粘虫板 30 块，悬挂高度与花生株高相当。

七、棉铃虫物理防治

使用频振式杀虫灯、黑光灯、高压汞灯诱杀棉铃虫成虫，同时诱杀地老虎、甜菜夜蛾、金龟甲等害虫。一般每 30~50 亩设置一盏灯，灯的高度距离地面 1.5~2 m，可诱杀大量成虫，减少产卵量。将杨树枝条剪成 60~70 cm 长度，每 10~15 根捆成一把，插于田间，每亩插 10~15 把。杨树枝会释放出吸引棉铃虫成虫的物质，每天清晨用塑料袋套住，捕杀成虫。结合田间管理，人工查找棉铃虫卵和幼虫。对于受害严重的植株，直接摘除有卵或幼虫的叶片、嫩梢，集中销毁，可有效控制棉铃虫的为害。

八、甜菜夜蛾物理防治

傍晚人工捕捉大龄幼虫，抹杀卵块，这样能有效地降低虫口密度。在成虫始盛期，在大田设置黑光灯、高压汞灯及频振式杀虫灯诱杀成虫。

九、斜纹夜蛾物理防治

使用频振式杀虫灯、黑光灯、高压汞灯诱杀斜纹夜蛾成虫，同时诱杀棉铃虫、地老虎、金龟甲等害虫。结合田间管理，人工摘除有卵和幼虫的叶片，集中销毁。

第三节　生物防治

生物防治是指利用生物或其产物来控制有害生物的一种方法。它利用了生物物种间的相互关系，以一种或一类生物抑制另一种或另一类生物。生物防控的方法有很多，主要包括以下几种。

以虫治虫：利用害虫的天敌，对害虫进行捕食或寄生进行防治。例如，利用赤眼蜂、丽蚜小蜂、蚜茧蜂等天敌可以防治棉铃虫、蚜虫等害虫。

以鸟治虫：利用鸟类捕食害虫进行防治。例如，利用燕子、啄木鸟等鸟类捕食花生田中的害虫。

以菌治虫：利用病原微生物防治害虫。例如，白僵菌、绿僵菌等真菌可以用来防治多种害虫。

以激素治虫：利用昆虫生长调节剂、性诱剂等激素类物质干扰害虫的正常生长发育，从而达到防治效果。例如，氟虫脲、定虫隆、灭幼脲等均为昆虫生长调节剂。

天敌治虫：天敌分为寄生性和捕食性两大类。病原微生物有白僵菌、绿僵菌、苏云金芽孢杆菌、7216菌剂、Bt乳剂或棉铃虫核型多角体病毒、雷公藤精乳油等，可在花生播种时拌细土撒施，也可在中耕时浇水或喷施。

信息素治虫：信息素包括性信息素、聚集信息素、性诱剂或食诱剂等。根据不同的害虫习性，施用不同的药剂方式。

生物防治可改善生态环境，保护利用天敌，发挥自然天敌的控制作用。可在田地周围种植杨树、刺槐等防风林，招引益鸟栖息繁殖，以消灭害虫。在田边种植蛇床、红花、桑葚等功能植物，涵养天敌。根据不同的害虫，在卵盛期人工释放天敌，如果天敌防治效果不理想，再施用病原微生物、信息素引诱剂等进行防治。

一、蛴螬生物防治

蛴螬的生物防治包括利用天敌昆虫、病原微生物、信息素引诱剂等措施。

蛴螬的天敌分为寄生性和捕食性两大类。寄生性天敌包括土蜂、寄生蝇、寄生螨等。捕食性天敌包括各种鸟类、刺猬、蟾蜍、步甲、隐翅甲、食虫螨等。

病原微生物有白僵菌、绿僵菌、苏云金芽孢杆菌等。花生播种时用苏云金芽孢杆菌拌细土撒施，或者用白僵菌、金龟甲绿僵菌等，于花生下针期拌细土撒施，然后中耕或浇水，使药剂渗入土中，可以杀死蛴螬。

信息素包括性信息素、聚集信息素等。每 60 m 悬挂高度为 1.5～2 m 的诱捕器，诱捕器中放置信息素和杀虫剂，可以杀死蛴螬成虫。

二、地老虎生物防治

地老虎的天敌主要有寄生蜂、寄生蝇、步甲、虎甲等寄生或捕食性昆虫，对地老虎的发生有一定的抑制作用。

苏云金芽孢杆菌、白僵菌、金龟甲绿僵菌等生物制剂稀释后喷洒在土壤表面。

用地老虎性诱剂或食诱剂诱杀。用糖醋液（糖∶醋∶酒∶水＝6∶3∶1∶10或3∶4∶1∶2，加少量杀虫剂）；也可用甘薯、胡萝卜、烂水果等发酵变酸的食物，加入适量杀虫药剂诱杀成虫。

幼虫发生期，每亩用水浸泡的新鲜泡桐叶或莴苣叶70~90片，于傍晚均匀放在田间地面上，翌日清晨检查捕捉幼虫。也可用灰菜、苜蓿、艾蒿等混合，傍晚时分以小堆的方式放置在地边，次日清晨捕杀菜堆内幼虫。

三、金针虫生物防治

金针虫天敌有沟金针虫茧蜂、步甲、鸟雀、真菌等，注意保护利用自然天敌。沟金针虫茧蜂是金针虫的重要天敌之一。其雌蜂会将卵产在金针虫体内，卵孵化后，幼虫以金针虫的组织为食，最终导致金针虫死亡。在金针虫发生区域释放沟金针虫茧蜂，可有效控制金针虫的种群数量。利用金针虫对杂草的趋性，于成虫发生期，在田间周边，堆集10~15 cm厚的新鲜略萎蔫的杂草堆，每亩40~50小堆，诱杀成虫。

四、蚜虫生物防治

蚜虫的主要天敌有草蛉、瓢虫、食蚜蝇、蜘蛛和蚜茧蜂等，可以在田边种植蛇床、红花等功能植物，涵养天敌。瓢虫是花生苗期蚜虫的重要天敌，当瓢虫与蚜虫数量比达1∶(80~100)时，可利用天敌控制蚜虫，不施农药。如遇雨量偏多，相对湿度达85%以上，或天敌总数与蚜虫比为1∶40时，即可控制蚜虫，而不必防治。喷毒力虫霉菌或者苦参碱内酯生物农药，也可防治蚜虫。

五、叶螨生物防治

叶螨的天敌有食螨瓢虫、小花蝽、草蛉、小黑隐翅虫、草间小黑蛛、捕食螨等，要为叶螨天敌提供适宜的栖息和繁殖场所，发挥自然控制作用，当田间益害比达1∶10以上时，一般不用防治。以菌治螨，白僵菌和藻菌能使花生叶螨致死率达80%以上。可将菌剂均匀喷洒在花生叶片上，使叶螨接触到而感染死亡。

六、蓟马生物防治

蓟马的天敌有小花蝽、猎蝽、捕食螨、寄生蜂、瓢虫、塔六点蓟马和捕食性蓟马等。还可采用蓟马信息素、聚集信息素等对蓟马进行诱杀。小花蝽是蓟马的重要天敌，以蓟马的卵和若虫为食，对蓟马有较好的控制作用。可在作物上悬挂小花蝽的饲养盒，让其在田间自然繁殖和捕食。草蛉的幼虫和成虫均能捕食蓟马，其捕食量大，对蓟马种群有显著的抑制作用。在蓟马发生期喷施球孢白僵菌制成菌剂或撒施绿僵菌菌剂，能降低其种群密度，有效控制蓟马的为害。

七、棉铃虫生物防治

使用棉铃虫性诱剂诱捕成虫。

棉铃虫寄生性天敌主要有姬蜂、茧蜂、赤眼蜂等，捕食性天敌主要有瓢虫、草蛉、捕食螨、胡蜂、蜘蛛等。利用自然天敌，对棉铃虫有显著的控制作用。

采用苏云金芽孢杆菌或棉铃虫核型多角体病毒、绿僵菌等生物制剂在棉铃虫卵孵化盛期常规喷雾，可控制棉铃虫卵和幼虫。

傍晚在田间摆新鲜玉米叶或插萎蔫杨树枝，每亩10~15把，翌日晨集中捕杀隐藏其内的成虫。

在田间地头零星点播棉花、玉米、高粱等形成诱集带，引诱成虫产卵和躲藏，然后集中杀灭。

八、甜菜夜蛾生物防治

在田间种植一些蜜源植物，可吸引草蛉、瓢虫、蜘蛛等天敌昆虫，捕食甜菜夜蛾的卵和幼虫。改善生态环境，让叉角厉蝽、星豹蛛、斑腹刺益蝽数量增加。另外，黑卵蜂、短管赤眼蜂、腹茧蜂等可寄生甜菜夜蛾。在甜菜夜蛾卵期，释放赤眼蜂，其会将卵产在甜菜夜蛾卵内，使卵不能正常孵化，达到控制害虫数量的目的。

使用苏云金芽孢杆菌、绿僵菌对甜菜夜蛾有较好的防治效果，可在甜菜夜蛾幼虫低龄期进行喷雾防治，可使幼虫取食后感染病菌而死亡。

九、斜纹夜蛾生物防治

斜纹夜蛾自然天敌主要有赤眼蜂、草蛉、猎蝽、黑卵蜂、小茧蜂、广大腿小蜂、姬蜂、青蛙、蚂蚁、蟾蜍、寄生蜂、寄生蝇、步甲等。捕食性天敌：如蛙类、蜘蛛、草蛉、猎蝽等捕食性动物可捕食斜纹夜蛾的幼虫和卵。寄生性天敌：如赤眼蜂、茧蜂、小蜂等，可寄生斜纹夜蛾的卵、幼虫和蛹。在斜纹夜蛾卵期，释放赤眼蜂，能有效寄生其卵，降低孵化率。还可在田埂、地头种植蜜源植物或保留杂草，为这些天敌提供栖息和繁殖场所，增强其控害能力。

苏云金芽孢杆菌、球孢白僵菌、绿僵菌、斜纹夜蛾核型多角体病毒对斜纹夜蛾有致病作用，将其制成生物农药，喷施后害虫取食会感染死亡，控制害虫种群数量。

第四节　化学防治

化学防治又叫农药防治，是利用各种化学物质及其加工产品控制有害生物为害的防治方法。在选用化学防治时要注意：选择最佳的化学农药，掌握最佳的防治时机，把握适合的药剂用量，确定科学的应用技术。

一、蛴螬化学防治

种子处理：在播种前，选用高效低毒的化学药剂进行种子包衣或拌种处理，构建第一道防护屏障，有效降低蛴螬对种子及幼苗的侵害风险。可选用的药剂包括25%噻虫·咯·霜灵种子处理悬浮剂、10%噻虫胺干拌种剂、70%噻虫嗪悬浮种衣剂、30%辛硫磷微囊悬浮剂等。通过规范操作，使药剂均匀附着于种子表面，形成保护膜，抑制蛴螬取食，提高种子发芽率与幼苗成活率。

生长期防治：金龟甲卵孵化盛期和低龄幼虫期，是防治蛴螬的有利时期。花生生长期，当花生田蛴螬 1~2 头/m^2，或卵 3~5 粒/m^2，必须及时防治，可用5%毒·辛颗粒剂，或30%毒死蜱微囊悬浮剂，或30%辛硫磷微囊悬浮剂等药剂，将药剂按比例兑水稀释后，均匀浇灌于植株根部周围土壤，确保药液渗透至蛴螬活动层，直接触杀或驱避害虫。

防治经济阈值：采用目前生产上常用的 4 种药剂防治蛴螬时，经田间试验研究，明确防治经济阈值为 3.2~4.1 头/m^2，为科学用药提供量化依据（表4-1）。当田间蛴螬密度超过相应药剂的经济阈值时，开展化学防治可有效控制虫害损失，实现经济效益最大化。

表4-1　4种药剂防治蛴螬的经济损害允许水平和经济阈值

药剂	施药方式	防治成本/元	防效/%	经济损害允许水平/%	经济阈值/（头/m^2）
30%毒死蜱微囊悬浮剂	拌种	35	83.0	3.2	3.2
30%辛硫磷微囊悬浮剂	拌种	35	82.3	3.2	3.2
60%吡虫啉悬浮种衣剂	拌种	50	78.1	4.8	4.1
10%二嗪磷颗粒剂	拌毒土	45	72.3	4.6	4.0

使用农药时，要在规定范围内合规使用，要严格遵循农药安全使用规范，注意用药剂量、施药时间及防护措施，避免对环境和农产品质量安全造成不良影响。

二、地老虎化学防治

地老虎为害隐蔽，可使用拌种、撒毒土等方法进行预防，结合毒饵、喷雾和灌根等方法进行针对性治理。

种子处理：在花生播种前，选用39%氟氯·毒死蜱种子处理乳剂进行拌种或包衣处理，通过在种子表面形成药剂保护层，有效降低地老虎幼虫取食对种子和幼苗的侵害风险。

撒施毒土：将50%辛硫磷乳油或15%毒死蜱颗粒剂与细沙土充分混合制成毒土。在花生播种时，通过开沟撒施的方式将毒土施于播种沟内；或于花生开花期，将毒土均匀撒施在植株根旁，并及时覆土，构建土壤防护屏障，阻隔地老虎幼虫对植株根系的为害。

灌根处理：针对已发生地老虎为害的田块，可选用75%辛硫磷乳油、2.5%溴氰菊酯乳油或50%辛硫磷乳油，按药剂使用说明兑水稀释后，进行灌根处理。将稀释后的药液均匀浇灌于植株根部周围，确保药液渗透至地老虎活动土层，直接触杀幼虫。

地老虎1~3龄幼虫抗药性差，且暴露在寄主植株或地面上，是药液喷雾防治的最佳时期。当百株花生幼苗上有幼虫（或卵）3~6头（粒），或0.5~1头（粒）/m^2，或被害株（穴）率3%~5%，要进行化学防治。

三、金针虫化学防治

主要包括药剂拌种、药剂土壤处理、撒毒饵、药液灌根等。常用的药剂有辛硫磷、毒死蜱、吡虫啉等。当花生田金针虫达到1 000头/亩或1.5头/m^2时，需要采取化学防治措施。

播种期药剂拌种，可以选用毒死蜱乳油或辛硫磷乳油拌种，按照规定剂量与花生种子充分搅拌。播种前土壤处理，用50%辛硫磷乳油，或30%毒·辛微囊悬浮剂，或30%毒死蜱微囊悬浮剂拌细土撒施，施药后浅锄。播种时处理，播种时选用15%毒死蜱颗粒剂，或5%辛硫磷颗粒剂等，拌毒土等沟施。

成虫活动和幼虫为害期，可选用或3%辛硫磷颗粒剂，或2%高效氯氰菊酯颗粒剂等拌细土，撒施花生根际；15%毒死蜱颗粒剂应用于生长期田间撒施；5%辛硫磷颗粒剂应用于花生果针下扎期灌根。

选用50%马拉硫磷乳油，或30%毒·辛微囊悬浮剂等灌根，施药后浇水或抢在雨前施药，效果更佳。也可选用上述液体药剂在灌溉时顺水冲施，但用药量比灌根要增加1~2倍。发生严重的田块，可在7~10 d后再防治1次。

当花生田金针虫密度达到1 000头/亩或1.5头/m^2时，必须马上进行化学防治。

四、蚜虫化学防治

花生播种时用60%吡虫啉或70%噻虫嗪悬浮种衣剂包衣拌种，通过规范操作使药剂均匀附着于种子表面，对苗期蚜虫的防治作用明显，还可兼治蛴螬、金针虫、蓟马等其他害虫，有效降低多种虫害复合发生风险。同时，包衣后应充分晾干再播种，避免闷种影响发芽率。

花生生长前期防治蚜虫，应选用高效、低毒、持效期较长的农药品种，如30%蚜克灵可湿性粉剂、2.5%扑蚜虱可湿性粉剂、10%高效吡虫啉可湿性粉剂等，按照产品说明书稀释，比如30%蚜克灵可湿性粉剂1 000~1 500倍液，每亩喷施药液量40~50 L；2.5%扑蚜虱可湿性粉剂1 500~2 000倍液，重点喷施新叶、嫩梢等蚜虫聚集部位；10%高效吡虫啉可湿性粉剂1 500~2 000倍液，建议选择无风、晴朗的清晨或傍晚施药，避免高温时段，防止药剂挥发和产生药害。要均匀喷施于花生植株表面，采用针对性喷雾技术，将喷头朝上，重点喷施花生叶片背面——蚜虫集中栖息部位，确保药剂均匀覆盖，提高触杀效果，从而高效控制蚜虫为害，药效通常可维持10~20 d。此外，可添加0.01%~0.02%的有机硅助剂，增强药液展着性和渗透性，提升防治效果。

花生生育中后期（开花下针期至结荚期），若蚜虫种群密度快速上升，单株蚜量超过2 000头或出现煤污病初期症状，需立即选用低毒、高效、速效性农药品种进行防治。推荐药剂及使用方法如下：50%避蚜雾可湿性粉剂2 000~3 000倍液，重点喷施植株中下部及叶片背面；10%吡虫啉可湿性粉剂1 500~2 000倍液，配合电动喷雾器细雾喷施，确保药液均匀覆盖；50%辛硫磷乳油1 000~1 500倍液，但需注意该药剂见光易分解，建议在傍晚施药；70%灭蚜净可湿性粉剂1 000~1 200倍液。施药时采用针对性喷雾技术，将喷头朝上，重点喷施花生叶片背面——蚜虫集中栖息部位，确保药剂均匀覆盖。同时，为延缓蚜虫抗药性，建议交替使用不同作用机制的药剂，如将烟碱类（吡虫啉）与氨基甲酸酯类（避蚜雾）轮换，避免连续使用同一类药剂。此外，可结合生物农药如0.3%苦参碱水剂500~800倍液进行复配使用，提升防效的同时降低化学农药依赖。

五、叶螨化学防治

花生播种前进行种子包衣或拌种处理，可有效降低叶螨早期发生基数，同时兼防其他刺吸式害虫。推荐药剂及使用说明如下：15%甲拌·多菌灵悬浮种衣剂，按药种比1：(50~60)进行包衣，可同时防治叶螨及土传病害；25%克百·多菌灵悬浮种衣剂，参照产品说明书，均匀包裹种子，形成长效防护层；15%福·克悬浮种衣剂，以1：(40~50)的比例拌种，兼具防病治虫功效；25%甲·克悬浮种衣剂，按规定剂量包衣，可有效抑制叶螨对幼苗的侵害；40%辛硫磷微囊悬浮剂，采用种子重量0.2%~0.3%的药量拌种，微囊缓释特性延长持效期；10%吡虫啉悬浮种衣剂，按药种比1：(200~300)处理种子，内吸性强，保护幼苗免受叶螨为害；30%噻虫嗪悬浮种衣剂，以1：(300~400)比例包衣，持效期长，对叶螨防治效果显著。

叶螨点片发生期：田间出现零星受害点片时，要及时挑治，对受害植株及周边1~2 m范围内植株进行重点施药，防止虫害扩散蔓延。

叶螨普遍发生期：当叶螨在田间呈大面积发生态势时，须立即开展全田防治。施药时务必将药液均匀喷施于叶片背面。

为提升防控效果并延缓抗药性产生,尽量使用新烟碱类杀虫剂或高活性内吸性杀虫剂进行种子处理,并采用复配增效药剂或生物药剂开展喷雾防治。同时,严格遵循轮换用药原则,避免新烟碱类药剂(如吡虫啉、噻虫嗪)连续使用超过2次,还要避免连续使用同一作用机制的药剂,建议与阿维菌素、哒螨灵等不同作用机理药剂交替使用。

六、蓟马化学防治

蓟马具有繁殖速率快、隐蔽性强、抗药性发展迅速的特点,单一药剂防控效果不理想,建议多种药剂复配交替使用。

蓟马防治常用有效药剂:吡虫啉、噻虫嗪、苦参碱、藜芦碱、阿维菌素、噻虫啉、联苯菊酯、啶虫脒、乙基多杀菌素、多杀菌素、溴氰虫酰胺和甲氨基阿维菌素苯甲酸盐等。其中,甲氨基阿维菌素苯甲酸盐、阿维菌素、吡虫啉、啶虫脒等兼具广谱杀虫特性,可实现"一药多防",对蓟马及蚜虫、粉虱等刺吸式害虫均有较好防控效果。建议在下午施药,施药时要全株打透,且把地表一起喷上。

避免长期单一使用同一种药剂,建议将不同作用机制的药剂进行复配或交替使用。例如,内吸性+触杀性药剂组合:选用25%噻虫嗪水分散粒剂(内吸)与10%联苯菊酯乳油(触杀)按推荐剂量混合稀释,扩大作用方式,提高防效。生物源+化学药剂组合:将0.3%苦参碱水剂(生物源)与20%啶虫脒可溶液剂(化学药剂)复配,降低化学药剂依赖,延缓抗性。还有乙基多杀菌素悬浮剂和溴氰虫酰胺悬浮剂轮换使用,减少蓟马对单一药剂产生抗性的风险。

七、棉铃虫化学防治

药剂防治适期在卵或初孵幼虫盛期,应以2~3代为防治重点,为避免或延缓抗药性的产生,要注意多种药剂交替轮换使用。可选用40%辛硫磷乳油、40%毒死蜱乳油、20%甲氰菊酯乳油、10%溴氰虫酰胺可分散油悬浮剂等。

棉铃虫作为鳞翅目害虫,具有世代重叠、繁殖能力强等特点,药剂防治的关键在于精准把握防治适期,科学用药以降低虫口密度。

棉铃虫药剂防治的最佳时期为卵期至初孵幼虫盛期,应以2~3代为防治重点,此阶段幼虫抗药性较弱,对药剂敏感,防治效果显著。防治指标为4头/m^2。

为延缓棉铃虫抗药性发展,提高防治效果,需严格遵循交替轮换用药原则,避免连续使用同一作用机制的药剂。推荐使用药剂及使用建议如下:40%辛硫磷乳油1 000~1 500倍液,重点喷施花生叶片、花蕾等部位;40%毒死蜱乳油800~1 000倍液,傍晚施药,提升触杀效果;20%甲氰菊酯乳油1 500~2 000倍液,与有机磷类药剂交替使用;10%溴氰虫酰胺可分散油悬浮剂1 500~2 000倍液,对各龄期幼虫均有良好防效。

要采用细雾喷施方式,重点喷施棉铃虫喜食的花生幼嫩组织,如顶尖、嫩叶、花蕾等部位,确保药液均匀覆盖,提高药剂与害虫的接触概率。

选择清晨或傍晚施药,此时棉铃虫成虫活动频繁,幼虫取食活跃,且光照较弱、温度较低,可减少药剂挥发损失,提升防治效果。

八、甜菜夜蛾化学防治

甜菜夜蛾幼虫清晨时分多暴露于植株表面取食,施药时段为日出后1~2 h内,此时施药效果最佳。另外,宜在幼虫孵化盛期施药,此时幼虫虫龄小、抗药性弱。

推荐采用25%灭幼脲乳油与5%氟虫脲可分散液剂进行混合喷施。两种药剂作用机制互补:灭幼脲属于昆虫生长调节剂,可抑制幼虫表皮几丁质合成，使其无法正常蜕皮；氟虫脲则通过抑制昆虫表皮脂质合成，导致幼虫脱水死亡。采用细雾均匀喷施，确保甜菜夜蛾喜食的植株幼嫩部位（如心叶、嫩梢、花蕾）及叶片正反两面均被药液覆盖。避免长期单一使用灭幼脲、氟虫脲等同类药剂，建议与甲氨基阿维菌素苯甲酸盐、氯虫苯甲酰胺等不同作用机理药剂交替使用。

九、斜纹夜蛾化学防治

斜纹夜蛾喷药防治应掌握在 1~2 龄幼虫期，当百株（穴）有卵 1 块或初孵幼虫有"一窝"这一黄金时段，此时幼虫群集性强、抗药性弱。喷药时间掌握在傍晚，喷药水量要足，药液要喷匀，并让部分药液洒落到地面上。为延缓斜纹夜蛾抗药性产生，需药剂轮换使用，选用不同作用机制的高效药剂交替喷施。推荐药剂及使用要点如下：50%氰戊菊酯乳油 1 500~2 000 倍液，重点喷施叶片背面及植株基部；2.5%灭幼脲乳油 1 000~1 500 倍液，幼虫低龄期使用效果更佳；25%马拉硫磷乳油 800~1 000 倍液，避免高温时段施药，防止发生药害；45%辛硫磷乳油 1 000~1 500 倍液，傍晚施药，降低光解损失；5%氟啶脲乳油 1 500~2 000 倍液，对低龄幼虫特效；25%毒死蜱微囊悬浮剂 800~1 000 倍液，兼具触杀与内吸作用；10%联苯菊酯乳油 1 500~2 000 倍液，对成虫、幼虫均有效。

第五章 青岛花生田害虫防控技术与实例

田间生态系统是一个复杂系统，天敌与害虫发生互相制衡，因此弄清虫害及天敌发生规律，可以充分保护和利用生物多样性，规范开展虫害调查与监测，精准预测预报，及时汇总上报监测数据，形成大数据分析系统，提升重大虫害数字化监测预警能力。绿色防控推行粮油轮作、不同作物间作等农业措施。种植功能植物可以增加生物多样性，从而调控害虫及天敌种群，增强农业生态系统的功能和服务。与单作作物相比，种植功能植物可为天敌提供食物资源和栖息场所，起到吸引天敌或为天敌繁育提供场所的作用，增加天敌的种类和数量，进而增强天敌对害虫的控制效果。比如在花生田周边种植绿化植物红叶石楠，在金龟甲出土期内，喷施60%吡虫啉悬浮剂，间隔10 d重复喷施，可有效控制暗黑鳃金龟、铜绿丽金龟成虫数量，达到降低幼虫蛴螬数量的目的。

第一节 春夏花生田主要害虫发生调查

不同花生种植栽培模式下，分析花生主要地上害虫发生特点，可明确春花生和夏花生害虫优势种及为害特点，有效控制花生害虫的为害，保障花生生产提供依据和技术指导。本研究基于青岛花生主产区春花生和夏花生主要害虫发生情况的田间调查，分析不同播期的春花生和夏花生地上害虫发生及种群消长动态。

一、材料与方法

(一) 供试花生品种
小白沙。

(二) 试验方法
试验地设在青岛市莱西望城试验站。试验设早播春花生、晚播春花生和夏花生正常播种 3 个处理，每处理重复 2 次，小区面积 66.7 m²，随机区组排列。播种时间分别为：春花生早播 2014 年 4 月 30 日、春花生晚播 5 月 20 日、夏花生正常播种 6 月 12 日。起垄种植，每穴（墩）播 2 粒种子，整个生育期未使用药剂处理。花生出土后进行田间系统调查，每 10 d 左右调查一次，至花生收获为止，记录害虫种类、数量。棉铃虫、甜菜夜蛾的调查，采用每小区 5 点随机取样法，每点调查 10 墩花生；蚜虫、叶螨、蓟马的调查，采用每小区 10 点棋盘式取样法，每点 5 墩花生。

(三) 数据分析
用 SPSS 16.0 单因素分析方法进行差异显著性分析，用 Graphpad 绘图。

二、结果与分析

(一) 春花生和夏蚜虫发生消长动态
蚜虫是早期为害花生的重要害虫，5 月中下旬至 6 月中旬发生。调查结果表明（图 5-1），不同播期对蚜虫的发生量影响很大。早播春花生受蚜虫为害时间长，且蚜虫发生量明显高于晚播春花生。早播春花生处理于 5 月 20 日虫量达 75 头/墩，至 6 月 6 日虫量高达 111.8 头/墩。晚播春花生 6 月 6 日虫量仅为 15.4 头/墩，6 月中旬蚜虫量开始下降，至 6 月底早播春花生和晚播春花生均未再发现蚜虫，正常播种的夏花生处理，基本未见蚜虫发生为害，仅在 6 月下旬发现少量蚜虫，不需要防治。

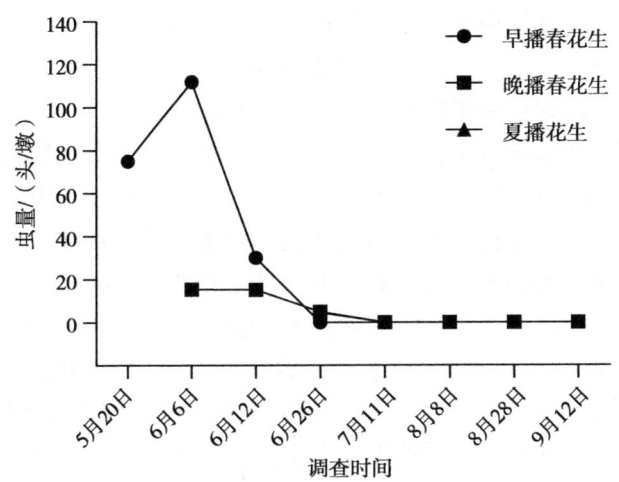

图 5-1　春花生和夏花生上蚜虫发生消长动态

(二) 春花生和夏花生上叶螨发生特点

花生上发生的叶螨以朱砂叶螨为主，以成螨在杂草、枯枝落叶及土缝中越冬，花生叶螨 6—7 月为发生盛期，若天气干旱 8 月仍可大发生。从图 5-2 可以看出，不同播期对叶螨数量影响差异显著，其中早播春花生为害最重，7 月上旬早播春花生叶螨数量达到

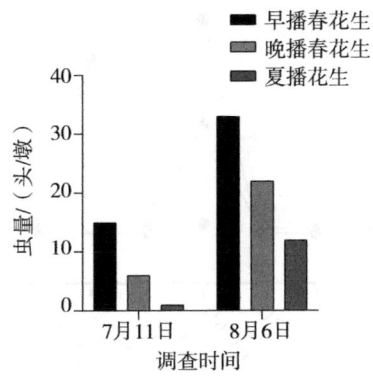

图 5-2　花生叶螨在春花生和夏花生上的发生数量比较

15头/墩,正常播种夏花生虫量极少;8月初晚播春花生和夏花生虫量虽有所上升,但仍低于早播春花生。

(三) 春花生和夏花生上棉铃虫发生特点

棉铃虫在山东1年发生4代,在5~10 cm土层化蛹越冬。花生田以第2代和第3代棉铃虫为害为主。由图5-3可看出,2014年调查中,5月棉铃虫最早出现为害早播春花生,6月上中旬晚播春花生上开始出现棉铃虫,6月下旬早播春花生、晚播春花生和夏花生棉铃虫虫量均达到高峰期,此时是2代棉铃虫发生的高峰时期,其中晚播春花生虫量最大,达到2.15头/墩,其次是早播春花生,虫量达到1.13头/墩,夏花生虫量较少,仅为0.13头/墩。8月上旬3代棉铃虫在夏花生上发生为害严重,虫量达到1.75头/墩,至8月下旬虫量逐渐减少。由此看出,2代棉铃虫主要为害晚播春花生,对早播春花生为害较轻;3代棉铃虫主要为害夏花生,这与棉铃虫产卵有强烈趋嫩性有关,当晚播春花生及夏花生出苗后,正值2代棉铃虫成虫产卵期,因此棉铃虫产卵更倾向于较幼嫩的晚播春花生及夏花生植株,而不再选择早播春花生。

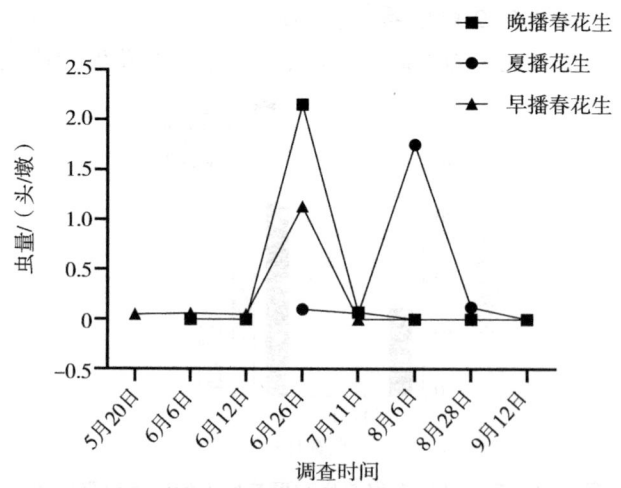

图5-3 春花生和夏花生上棉铃虫发生特点

(四)春花生和夏花生上甜菜夜蛾发生特点

甜菜夜蛾在山东1年发生5代,以蛹在土中越冬,为害期在6—10月。由图5-4可知,甜菜夜蛾在花生上有2个为害高峰期,6月12日晚播春花生虫量达到高峰期,达到1.03头/墩,早播春花生受害较轻。6月26日夏花生甜菜夜蛾虫量为1.38头/墩。甜菜夜蛾成虫有很强趋嫩性产卵习性,嗜矮小且长势嫩的植物,从而导致夏花生出苗后受害较重。

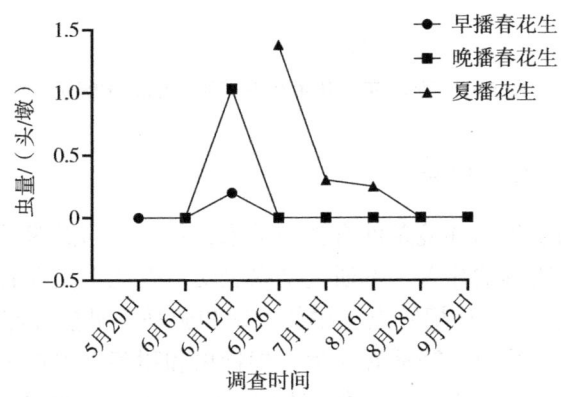

图5-4 春花生和夏花生上甜菜夜蛾的发生特点

(五)春花生和夏花生上蓟马的发生特点

蓟马近年来在局部地区花生田为害严重。由图5-5可知,花生不同播期对蓟马发生和为害影响显著。其中晚播春花生蓟马为害最重,其次是夏播花生,早播春花生蓟马为害最轻。7月11日调查,晚播春花生蓟马虫叶率为14.2%,夏花生虫叶率为9.3%,早播春花生虫叶率为7.6%。两次调查显示,晚播春花生蓟马虫叶率最高,其次夏花生,早播春花生蓟马虫叶率最低。

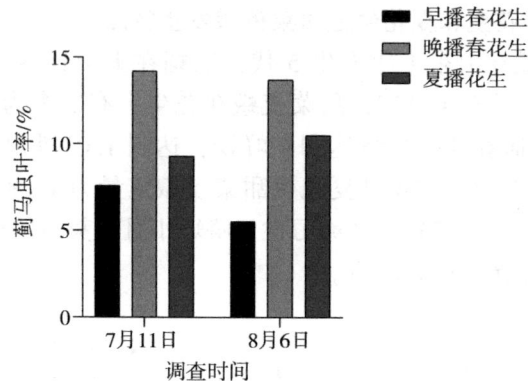

图 5-5　蓟马在春花生和夏花生上的为害情况

三、结论与讨论

害虫的发生与环境条件有密切关系，花生不同播期对花生害虫的发生和为害影响显著。本研究结果表明，春花生发生的主要害虫有蚜虫、叶螨、2 代棉铃虫、甜菜夜蛾和蓟马；早播春花生的蚜虫和叶螨发生明显重于晚播春花生，棉铃虫和甜菜夜蛾则相反。为害夏花生的主要地上害虫有 3 代棉铃虫和甜菜夜蛾；叶螨发生较轻，蚜虫没有发生。

第二节　花生田主要害虫减药控害增效技术与效果评价

黄淮海花生产区以山东、河南、河北为主，包括江苏、安徽、陕西、山西的部分产区，是我国优势花生产区。随着社会发展与人民生活需求提高，近年来农药减施增效要求日益迫切，农药减量控害技术已在水稻、棉花等病虫害防治中取得显著效果，而花生在此方面的研究报道较少。农药减量要在对区域性虫害有详尽了解的基础上，选择高效低毒广谱药剂,注重加大生物防治、抗虫品种等措施,建立系统准确的区域性害虫防控技术体系,达到减施增效的目的。

黄淮海区域春夏花生害虫为害均以蛴螬、蓟马、棉铃虫和蚜虫为主,蛴螬为害春花生重于夏花生,局部小地老虎和叶螨发生严重。本研究基于多年害虫防治减量单项技术研究成果,开展了春花生、夏花生主要害虫减药增效防控技术研究与优化集成,以期为该地花生主要害虫减药防控提供依据。

一、材料与方法

(一) 试验地点

试验于2018—2019年在山东省邹城市香城镇进行,该地常年种植花生,供试地块为砂壤土,肥力中等。试验设春播和夏播两个处理,其中春花生4 hm^2,夏花生2.7 hm^2。种植品种为花育33。春花生均于4月30日播种,夏花生均于6月12日播种。

(二) 试验设计及处理

1. 主要害虫调查

参照常规挖土调查,采用食诱剂引诱、杀虫灯等方法联合使用,开展主要害虫发生种类、发生时期及发生量调查,确定防控时期及农药用量。

2. 试验设计

试验分常规管理技术(A)和减药管理技术(B)两种方式(表5-1、表5-2)。设置春花生常规管理技术8个和减药管理技术16个,共24个处理。夏花生常规和减药管理技术分别为4个、8个,共12个处理。2次重复。

3. 材料与方法

供试药剂:30%毒死蜱微胶囊(江苏新沂科大农药厂)、30%辛硫磷微胶囊(江苏新沂科大农药厂)、10%吡虫啉悬浮剂(江苏南通功成精细化工有限公司)。

药剂拌种、灌根与喷雾方法:使用剂量见表格5-1。拌种方法

表 5-1 春花生减药管理与常规管理试验设计

靶标	处理	药剂	用法	施药次数	有效成分/(g/亩)	兼防	减药/%
蛴螬	A_1	辛硫磷 CS	拌种	1	100	—	—
	A_2	吡虫啉 FS	拌种	1	48	蚜虫,蓟马	—
	A_3	噻虫嗪 FS	拌种	1	48	蚜虫,蓟马	—
	A_4	辛硫磷 CS	拌种+灌根	2	80+50	—	—
	B_1	覆膜+辛硫磷 CS+引诱剂	拌种+诱剂	1	80	—	$A_1 20$
	B_2	覆膜+吡虫啉 FS 拌种+引诱剂	拌种+诱剂	1	36	蚜虫,蓟马	$A_2 25$
	B_3	覆膜+噻虫嗪 FS+引诱剂	拌种+诱剂	1	36	蚜虫,蓟马	$A_3 25$
	B_4	覆膜+辛硫磷 CS+引诱剂	拌种+灌根+诱剂	2	50+30	—	$A_4 38.5$
蓟马	A_5	乙基多杀菌素 SC	喷雾	2~3	2.4~3.6	—	—
	B_5	覆膜+乙基多杀菌素 SC	喷雾	1~2	1.2~2.4	—	$A_5 33.3$
花生蚜	A_6	吡虫啉 WG	喷雾	2~3	24~36	蓟马	—
	A_7	噻虫嗪 WG	喷雾	2~3	24~36	蓟马	—
	B_6	覆膜+吡虫啉 WG	喷雾	1~2	12~24	蛴螬	$A_6 33.3$
	B_7	覆膜+噻虫嗪 WG	喷雾	1~2	12~24	蛴螬	$A_7 33.3$
棉铃虫	A_8	甲氨基阿维菌素苯甲酸盐 ME	喷雾	2~3	1~1.5	甜菜夜蛾等	—
	B_8	甲氨基阿维菌素苯甲酸盐 ME	喷雾	1~2	0.5~1	甜菜夜蛾等	$A_8 33.3$
	B_9	食诱剂(2年以上)				甜菜夜蛾等	$A_8 100$

注:CS 表示微囊悬浮剂;FS 表示悬浮种衣剂;WG 表示水分散粒剂;SC 表示悬浮剂;ME 表示微乳剂。

表 5-2 夏花生减药管理与常规管理试验设计

靶标	处理	药剂	用法	施药次数	有效成分/(g/亩)	兼防	减药/%
蛴螬	A_9	辛硫磷 CS	拌种	1	90	—	—
	A_{10}	噻虫嗪 FS	拌种	1	36	蚜虫、蓟马	—
	B_{10}	覆膜+辛硫磷 CS +引诱剂	拌种	1	70	—	$A_9$22.2
	B_{11}	覆膜+噻虫嗪 FS+引诱剂	拌种	1	24	蚜虫、蓟马	A_{10}33.3
蓟马	A_{11}	乙基多杀菌素 SC	喷雾	2~3	2.4~3.6	—	—
	B_{12}	覆膜+乙基多杀菌素 SC	喷雾	1~2	1.2~2.4	—	A_{11}50
蚜虫	A_{12}	吡虫啉 WG	喷雾	2~3	24~36	蓟马	—
	A_{13}	噻虫嗪 WG	喷雾	2~3	24~36	蓟马	—
	B_{13}	覆膜+吡虫啉 WG	喷雾	1~2	12~24	蓟马	A_{12}50
	B_{14}	覆膜+噻虫嗪 WG	喷雾	1~2	12~24	蓟马	A_{13}50
棉铃虫	A_{14}	甲氨基阿维菌素苯甲酸盐 ME	喷雾	2~3	1~1.5	甜菜夜蛾等	—
	B_{15}	甲氨基阿维菌素苯甲酸盐 ME	喷雾	1~2	0.5~1	甜菜夜蛾等	A_{14}50
	B_{16}	食诱剂(2 年)				甜菜夜蛾等	A_{14}100

注：CS 表示微囊悬浮剂；FS 表示悬浮种衣剂；WG 表示水分散粒剂；SC 表示悬浮剂；ME 表示微乳剂。

为试验药剂按剂量与种子混合均匀，于阴凉通风处晾干后播种，药剂拌种后（尤其是辛硫磷）应避免阳光直晒。灌根是指花生齐苗后将药剂混水浇灌花生根部。喷雾是指用喷雾器将药剂均匀喷到花生及周边地面上。

调查方法：在花生收获时按每小区"Z"形按五点取样法调查蛴螬和小地老虎，生长期采用每小区随机五点取样法调查蓟马、棉铃虫、甜菜夜蛾及蚜虫等叶部害虫发生情况。防控效果计算方法如下。

$$防虫效果（\%）=\frac{空白对照区活虫数-药剂处理区活虫数}{空白对照区活虫数}\times100$$

$$荚果被害指数（\%）=\frac{\Sigma（被害果数\times该被害果级别）}{调查总果数\times最高被害级}\times100$$

$$保果效果（\%）=\frac{空白对照区荚果被害指数-药剂处理区被害指数}{空白对照区荚果被害指数}\times100$$

二、结果与分析

（一）春花生与夏花生害虫发生种类、为害程度及主要为害时期

春花生害虫以蛴螬（6月中旬至收获期为害严重）、蓟马（7月初为害）、二代棉铃虫（6月下旬暴发）、蚜虫（6月初至7月下旬发生严重）为主；夏花生害虫以蛴螬（播种—收获均有为害）、蓟马（7月初发生）、三代棉铃虫（8月上旬发生）、蚜虫（6月中旬严重）为主。花生蛴螬、蚜虫为害春花生重于夏花生，蓟马轻于夏花生，棉铃虫在春夏花生上均有较严重为害。

（二）春花生与夏花生主要害虫减药防虫效果

春花生和夏花生减药处理后防虫效果与常规管理无显著差别。春花生减药后防治效果上升的处理为 B_1、B_4、B_5、B_6 和 B_8，B_1 比 A_1 上升9.2%，B_4 比 A_4 上升2.3%，B_5 比 A_5 上升5.9%，B_6 比 A_6

上升 0.7%，B_8 比 A_8 上升 1.9%，春花生减药后防治效果下降的处理为 B_2、B_3 和 B_7，分别较 A_2、A_3、A_7 下降 2.7%、0.5% 和 1.4%，多年用食诱剂防治棉铃虫的效果最佳，比常规上升 6.6%。从减药效果来看，覆膜+辛硫磷微囊悬浮剂+引诱剂防治蛴螬效果最好。夏花生减药后除 B_{10} 比 A_9 下降 0.6% 外，其余均有上升，B_{11}、B_{12}、B_{13}、B_{14} 分别较相应常规对照上升 5.7%、5.9%、1.3%、2.1% 和 3.7%，使用食诱剂防治棉铃虫的效果最佳，比常规上升 7.1%（表 5-3）。

表 5-3　花生主要害虫减药防控效果

靶标	春花生		靶标	夏花生	
	处理	防效/%		处理	防效/%
蛴螬	A_1	70.3	蛴螬	A_9	86.5
	A_2	85.2		A_{10}	89.5
	A_3	84.3		B_{10}	85.9
	A_4	82.6		B_{11}	95.2
	B_1	79.5			
	B_2	82.5			
	B_3	83.8			
	B_4	84.9			
蓟马	A_5	89.4	蓟马	A_{11}	88.4
	B_5	95.3		B_{12}	94.3
蚜虫	A_6	92.5	蚜虫	A_{12}	91.5
	A_7	94.6		A_{13}	92.6
	B_6	93.2		B_{13}	92.8
	B_7	93.2		B_{14}	94.7
棉铃虫	A_8	90.2	棉铃虫	A_{14}	89.2
	B_8	92.1		B_{15}	92.9
	B_9	96.8		B_{16}	96.3

(三) 春花生与夏花生主要害虫减药增效防控体系效果评价

通过引入害虫食诱剂、性诱剂和地膜，可以减少化学防治1~2次，减药量达32.41%~44.33%，人工成本减少33.33%~40%；春花生药剂成本（含性诱剂和食诱剂）增加1.18%、夏花生减少4.55%。总体来看，春花生和夏花生总成本减少21.89%~28.15%，单位产量分别增加3.88%、4.07%，优于常规管理（表5-4）。

表5-4　花生田减药增效防控技术体系效果评价

处理	春花生		夏花生	
	常规	减药	常规	减药
产量/（kg/亩）	275.8	286.5	243.2	253.1
药剂成本/（元/亩）	83~93	78~103	73~78	62~82
人工成本/（元/亩）	180	120	150	90
总成本/（元/亩）	263~273	198~223	223~228	152~172
用药总量/（g/亩）	75.4~157.4	62.7~106.3	117.4~63.4	37.7~81.7

三、结论与讨论

花生是我国重要的经济和油料作物之一，黄淮海地区是我国重要的花生产区。推进农业绿色发展是我国农业现行发展的重要目标。为解决农药使用量较大，带来的生产成本增加、食品安全风险、生态环境污染等一系列问题，本研究在山东邹城香城镇开展了花生虫害减药控害试验。减药控害要了解防控区域内害虫的发生种类、发生时期和发生量。在黄淮海花生产区，花生主栽模式有春播和夏播两种，害虫种类及发生程度也有所不同，导致防治侧重点及用药量略有区别。

本试验采用双色防病驱虫增产地膜覆盖，选用胃毒活性高的高效辛硫磷微囊悬浮剂、新烟碱类农药吡虫啉悬浮种衣剂、噻虫嗪悬浮种衣剂，以其高内吸活性和抑食作用，实现一药多防的目的。试验用食诱剂防控棉铃虫等夜蛾类害虫表现出很好的防治效果，说明食诱剂多年连续使用,在田间能取得理想的防治效果,而且省工、高效、轻简化。通过减药技术,防虫效果无明显下降,但花生产量略有增产,同时农药成本和人工成本减少,使总成本下降,经济和社会效益明显,减少农药量达32%以上,保护了生态环境。本研究结果说明通过适当减药措施,可以实现花生增产增收、品质优异和绿色生产的目的。

第三节 花生/玉米间作对蛴螬发生的影响研究

黄淮海地区为害花生的蛴螬主要是暗黑鳃金龟和铜绿丽金龟,一般造成减产10%~30%,重者达60%~80%,严重地块甚至绝产,对花生产量及品质影响极大。同时,暗黑鳃金龟和铜绿丽金龟也是山东省玉米田的主要地下害虫,居地下害虫发生数量的前3位。因此,这两种金龟甲的防治工作对于保障花生和玉米生产都很重要。研究间作模式下暗黑鳃金龟和铜绿丽金龟的发生特点,可为花生害虫绿色防控提供重要参考,对实现粮油双增产具有重要的现实意义。

针对暗黑鳃金龟和铜绿丽金龟,在笼罩栽培池和网室2个条件下分别进行了2种金龟甲对花生/玉米的产卵寄主选择试验,并在网室和大田2个条件下分别设置花生单作、玉米单作和花生/玉米间作3种种植模式,比较了不同模式下的幼虫虫口密度,旨在阐明花生/玉米间作模式对2种蛴螬发生的影响,为花生/玉米间作虫害防治提供科学依据。

一、材料与方法

(一) 材料

供试作物:花生为花育36号,玉米为郑单958。

（二）试验设计

试验于 2021—2022 年在山东省花生研究所莱西望城试验站（36°48′46″N，120°30′17″E）进行。该地属温带季风气候，四季分明，干湿显著，雨热同季，土壤为砂质棕壤，土壤 pH 值 5.62。

1. 笼罩栽培池选择试验

栽培池由水泥制成，长×宽×高为 1 m×1 m×1 m，相邻栽培池间隔 1 m，分别栽种花生、玉米，用 3.5 m×1.5 m×2.5 m 的 80 目纱网笼罩。花生池栽种花生 2 行，每行 7 穴；玉米池栽种玉米 2 行，每行 4 株。试验设置 3 次重复。

2. 网室选择试验

试验在相邻的 3 个网室进行，每个网室大小为 40 m×10 m，用 80 目纱网笼罩。试验共设置 3 种种植模式，即花生单作、玉米单作和花生/玉米间作，每个处理各设置 3 次重复，共计 9 个试验小区。小区随机排列，每个小区大小为 10 m×10 m，相邻小区间隔 5 m 作为隔离带。每年 5 月 8 日前后同时播种玉米和花生，按照常规管理措施，整个试验期间不喷施任何杀虫剂，其他时间棚内无作物种植。花生单作区共种植 10 垄花生，垄宽 50 cm，垄距 30 cm，行距 30 cm，穴距 14 cm，每穴 2 粒（约 18 穴/m^2）；玉米单作区共种植 10 垄玉米，行距 40 cm，株距 25 cm（约 10 株/m^2）；花生/玉米间作间作比是 6:4，即采用 3 垄花生（1 垄 2 行常规种植）和 4 行玉米的间作种植模式，种植方式同单作，玉米行与花生行的距离为 45 cm。

3. 大田试验

试验选取土壤条件均匀的田块，设置的种植模式同上。每个处理重复 3 次，共计 9 个试验小区，随机排列。小区面积 400 m^2（25 m×16 m），相邻小区间隔 5 m 作为隔离带。

（三）试验方法

网室和笼罩栽培池在花生播种前翻土清除掉可能存在的蛴螬基数干扰。于金龟甲成虫发生高峰期，在田间人工采集正在交配的暗黑鳃金龟和铜绿丽金龟，放入栽培池纱网和网室内。笼罩栽培池接虫数量为各 150 对，网室接虫数量为各 2 500 对。9 月上旬花生收获时调查幼虫虫口密度。栽培池和网室全部深挖 50 cm，记录所收集蛴螬的种类和数目；栽培池蛴螬按虫龄进行了分类统计，并且记录蛴螬取食玉米和花生后体重情况；大田采用"Z"形取样调查方法，共取 9 点，每点取花生 6 穴，玉米 4 株，深挖 50 cm 调查。

（四）数据分析

利用 SPSS 27.0 软件对数据进行统计学分析，选择试验采用卡方检验进行差异显著性分析。虫口密度采用单因素方差分析进行差异显著性检验，多重比较采用 Duncan 氏新复极差法。

二、结果与分析

（一）笼罩栽培池条件下两种金龟甲对花生/玉米的产卵选择及幼虫龄期分布频次

1. 笼罩栽培池条件下两种金龟甲对花生/玉米的产卵选择

栽培池笼罩试验中，调查发现暗黑鳃金龟幼虫共 143 头、铜绿丽金龟幼虫共 40 头，两者比例为 3.58∶1。花生池和玉米池中暗黑鳃金龟幼虫的总数分别为 118 头和 25 头，前者是后者的 4.72 倍。3 次试验均显示暗黑鳃金龟对花生具有明显产卵选择性（$P<0.05$，$P<0.001$，$P<0.001$；图 5-6 A）。铜绿丽金龟的情况相反，调查发现玉米池铜绿丽金龟幼虫的总数共 39 头，而花生池仅为 1 头，3 次试验均显示铜绿丽金龟对玉米有明显的产卵偏好性（$P<0.001$，$P<0.001$，$P<0.001$；图 5-6 B）。

2. 不同寄主植物栽培池中两种金龟甲幼虫龄期频次分布比较

调查发现：花生池中暗黑鳃金龟幼虫以 3 龄为主，玉米池中则以 1 龄为主。而无论花生池还是玉米池中的铜绿丽金龟幼虫全部或几乎全部是 3 龄幼虫（图 5-7）。从各龄期幼虫占总数百分比看，花生池中暗黑鳃金龟 3 龄幼虫占 52.54%，2 龄占 13.56%，1 龄占 33.90%；而取食玉米的暗黑鳃金龟 3 龄幼虫占 28.00%，1 龄占 72.00%（图 5-7 A）。花生池中铜绿丽金龟幼虫仅有 1 头，为三龄

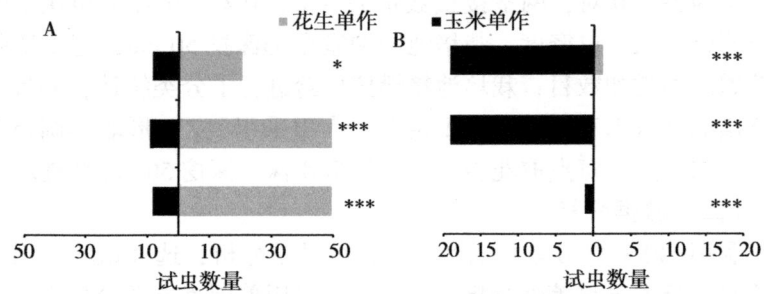

图 5-6　笼罩栽培池条件下暗黑鳃金龟（A）
和铜绿丽金龟（B）对花生/玉米的产卵偏好性

注：*、**、*** 分别表示在 0.05、0.01 和 0.001 水平差异显著。

幼虫；取食玉米的铜绿丽金龟幼虫，3 龄占 94.87%，2 龄占 5.13%（图 5-7 B）。

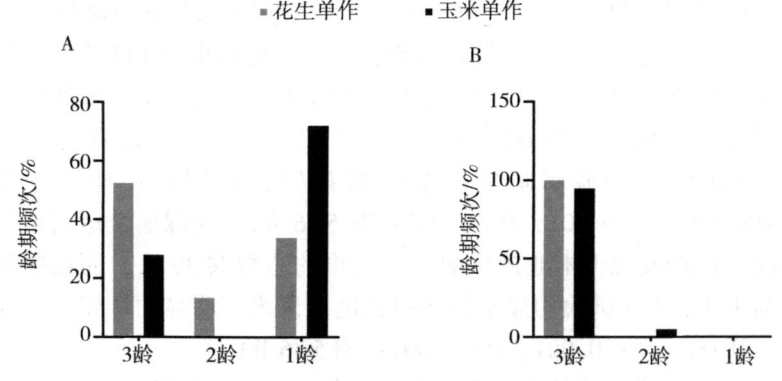

图 5-7　花生池和玉米池中暗黑鳃金龟幼虫（A）
和铜绿丽金龟幼虫（B）龄期频次分布

（二）网室条件下两种金龟甲对花生/玉米的产卵选择及幼虫虫口密度分析

1. 网室条件下两种金龟甲在花生/玉米上的产卵选择性分析

比较网室内两个单作区的调查结果发现，从幼虫数量看，花生单作区共有暗黑鳃金龟幼虫 2 254 头,是玉米单作区的 6.59 倍;暗黑鳃金龟产卵明显偏好花生($P<0.001$,$P<0.001$,$P<0.001$;图 5-8 A)。从花生/玉米间作区的数据看,间作区花生带中的暗黑鳃金龟幼虫数量是间作区玉米带的 11.97 倍;暗黑鳃金龟在间作区对花生也有明显的选择($P<0.001$,$P<0.001$,$P<0.001$;图 5-8 C)。

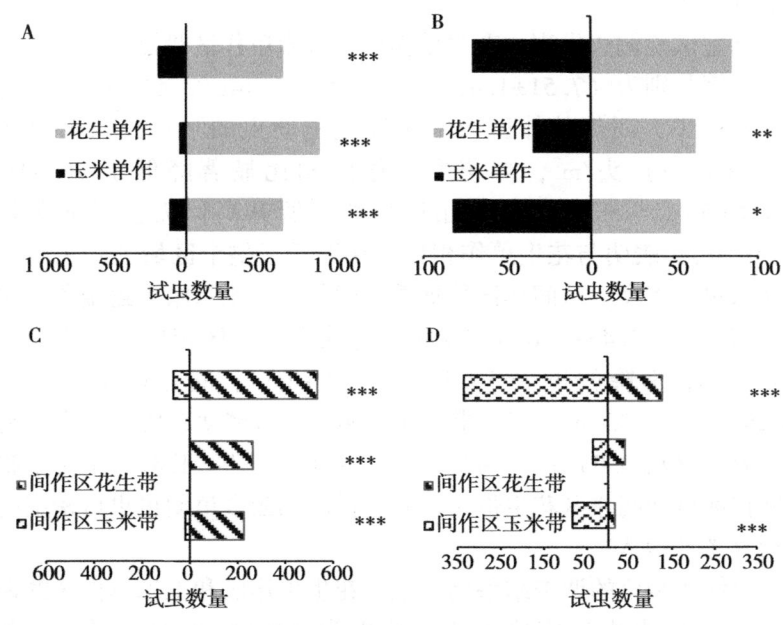

图 5-8　网室条件下暗黑鳃金龟(A,C)和铜绿丽金龟(B,D)对花生和玉米的产卵偏好

注:*、**、*** 分别表示在 0.05、0.01 和 0.001 水平差异显著。

铜绿丽金龟的选择性调查结果表明,花生单作区共有铜绿丽金龟幼虫 199 头,玉米单作区共有 186 头,两者比例接近 1∶1。铜绿丽金龟在 3 次花生/玉米选择试验中,分别表现为无明显选择($P>0.05$)、对花生有明显选择偏好($P<0.01$)和对玉米有明显选择偏好($P<0.05$),整体看铜绿丽金龟在玉米和花生间的选择不明

显（图5-8 B）。间作区调查结果表明：铜绿丽金龟幼虫在间作区玉米带的数量是间作区花生带的2.46倍。在3次试验中有两次表现出对玉米明显的选择偏好，表明铜绿丽金龟倾向于选择玉米（$P<0.001$，$P>0.05$，$P<0.001$；图5-8 D）。

2. 网室条件下不同种植模式暗黑鳃金龟、铜绿丽金龟幼虫虫口密度比较

网室试验调查发现，花生单作区和玉米单作区暗黑鳃金龟幼虫虫口密度分别为（7.51±1.48）头/m^2和（1.14±0.74）头/m^2。而间作模式下，间作整体区域暗黑鳃金龟幼虫的平均虫口密度为（2.19±1.13）头/m^2，与花生单作区相比显著降低了70.84%（$P<0.05$），与玉米单作区相比虽然有所升高但无差异显著性（$P>0.05$）；表明与花生单作相比间作降低了整个区域的暗黑鳃金龟幼虫虫口密度。从间作区数据看，间作区花生带暗黑鳃金龟幼虫虫口密度为（3.43±1.69）头/m^2，与花生单作区相比虫口密度也显著下降，下降幅度为54.33%（$P<0.05$）；间作区玉米带为（0.29±0.35）头/m^2，与玉米单作区相比虫口密度有所降低但无显著性差异（$P>0.05$）；表明相对花生单作，花生/玉米间作对于整个间作区域和间作区花生带均具有压低暗黑鳃金龟幼虫虫口密度的作用（图5-9 A）。

铜绿丽金龟的调查结果则发现，花生单作区和玉米单作区的铜绿丽金龟幼虫虫口密度相近，分别为（0.66±0.16）头/m^2和（0.62±0.25）头/m^2。而间作模式下，间作整体区域铜绿丽金龟幼虫平均虫口密度（0.99±1.02）头/m^2，与花生单作区和玉米单作区相比均略有上升但无显著性差异（$P>0.05$）。间作区花生带铜绿丽金龟幼虫虫口密度为（0.61±0.59）头/m^2，与单作花生区接近（$P>0.05$）；间作区玉米带为（1.51±1.61）头/m^2，与单作玉米区相比有所上升但无显著性差异。表明花生/玉米间作未对铜绿丽金龟幼虫虫口密度产生显著影响（图5-9 B）。

另外，从总体看网室中暗黑鳃金龟和铜绿丽金龟的幼虫数量

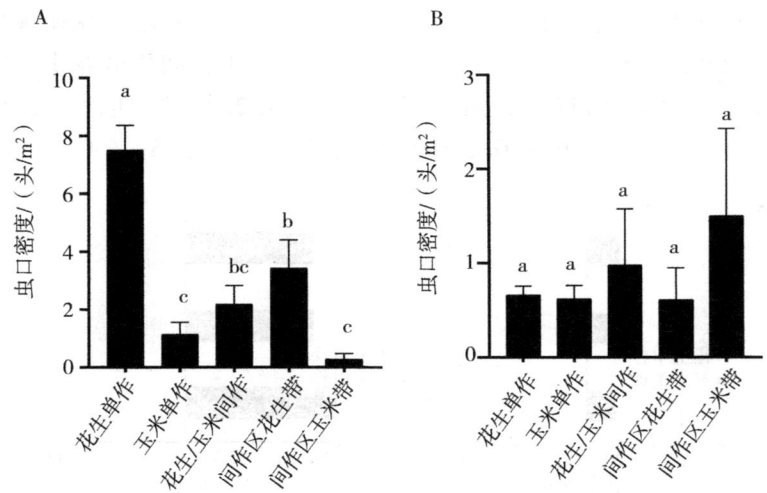

图 5-9 网室条件下不同种植模式之间暗黑鳃金龟（A）和铜绿丽金龟（B）幼虫虫口密度的比较

注：不同的小写字母表示 0.05 水平上差异显著。

比是 3.63∶1。花生单作区暗黑鳃金龟幼虫数量是铜绿丽金龟的 11.33 倍，花生区暗黑鳃金龟幼虫种群优势明显。玉米单作区暗黑鳃金龟幼虫略高于铜绿丽金龟幼虫。间作区花生带暗黑鳃金龟幼虫与铜绿丽金龟幼虫数量比为 5.59∶1，暗黑鳃金龟幼虫种群在间作区花生带优势也明显；间作区玉米带暗黑鳃金龟幼虫是铜绿丽金龟幼虫 19.03%，铜绿丽金龟幼虫在间作区玉米带种群优势明显。

（三）大田自然环境下暗黑鳃金龟和铜绿丽金龟在花生/玉米上的产卵选择及虫口密度分析

1. 大田自然环境下暗黑鳃金龟、铜绿丽金龟在花生/玉米上的选择特性分析

大田试验调查结果表明，自然环境下花生单作区暗黑鳃金龟幼

虫发生总数为 206 头,玉米单作区为 58 头,前者是后者的 3.55 倍;暗黑鳃金龟对花生有明显的偏好性($P<0.001$,$P<0.001$,$P<0.001$;图 5-10 A)。花生/玉米间作模式下,间作区花生带暗黑鳃金龟幼虫为 137 头,是间作区玉米带的 2.36 倍,也表现出明显的花生偏好性($P<0.01$,$P<0.001$,$P<0.01$;图 5-10 C)。

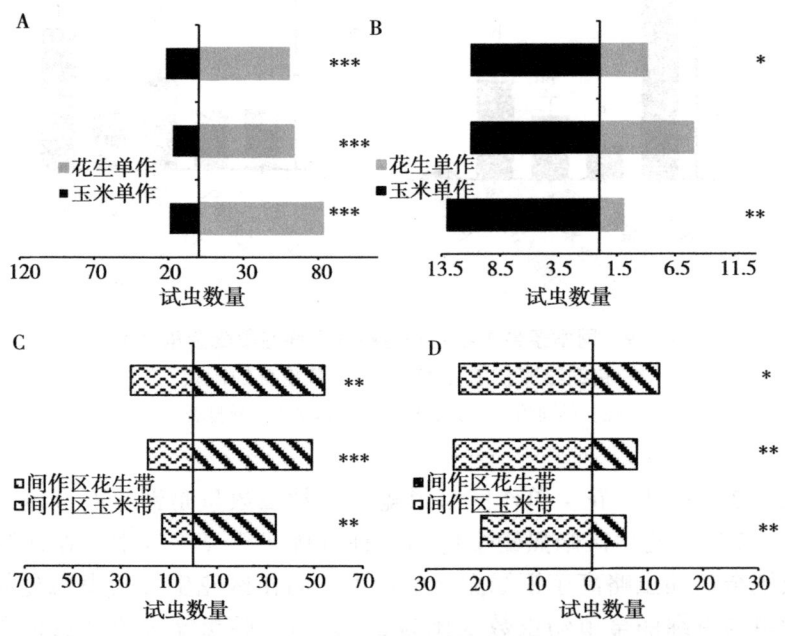

图 5-10 大田条件下暗黑鳃金龟(A,C)和铜绿丽金龟(B,D)对花生和玉米的产卵偏好

注:*、**、*** 分别表示在 0.05、0.01 和 0.001 水平差异显著。

而铜绿丽金龟幼虫在花生单作区的发生总数少于玉米单作区,分别为 14 头和 35 头,后者是前者的 2.50 倍;在 3 组试验中有两组表现为在花生田中的分布明显少于玉米田($P<0.05$,$P>0.05$,$P<0.01$),表明其对玉米有一定的偏好性(图 5-10 B)。在花生/玉米间作模式下,间作区花生带调查到铜绿丽金龟幼虫 26 头,间

作区玉米带为69头，间作区玉米带是间作区花生带的2.65倍；铜绿丽金龟在间作区玉米上的分布明显多于花生（$P<0.05$，$P<0.01$，$P<0.01$；图5-10 D）。

2. 大田自然环境下不同种植模式暗黑鳃金龟、铜绿丽金龟幼虫虫口密度比较

大田试验调查结果发现，花生单作区暗黑鳃金龟幼虫虫口密度为（7.63±1.39）头/m^2，玉米单作区则为（2.15±0.28）头/m^2；间作模式下，间作整体区域暗黑鳃金龟幼虫的平均虫口密度为（3.90±0.98）头/m^2，与花生单作区相比显著降低了48.89%（$P<0.05$），与玉米单作区相比有所升高但无显著性差异；表明在大田环境下，相比单作花生，花生/玉米间作降低了整个区域的暗黑鳃金龟幼虫虫口密度。从花生/玉米间作区数据看，间作区花生带暗黑鳃金龟幼虫虫口密度为（5.07±1.15）头/m^2，与花生单作区相比虫口密度有显著下降，下降幅度为33.55%（$P<0.05$）；间作区玉米带虫口密度为（2.15±0.73）头/m^2，相比单作玉米区无显著差异（$P>0.05$）；表明相对花生单作模式，花生/玉米间作模式不仅降低了整个区域的暗黑鳃金龟幼虫虫口密度，也对间作区花生带的虫口密度有显著压低的作用（图5-11 A）。

铜绿丽金龟的大田调查结果则发现，花生单作区铜绿丽金龟幼虫虫口密度为（0.52±0.34）头/m^2，玉米单作区为（1.29±0.13）头/m^2。花生/玉米间作种植模式下，间作整体区域的铜绿丽金龟幼虫平均虫口密度是（1.60±0.29）头/m^2，相比花生单作区显著升高（$P<0.05$），相比玉米单作区无显著变化（$P>0.05$）。间作区花生带铜绿丽金龟幼虫虫口密度为（0.96±0.34）头/m^2，与花生单作区相比无显著性差异（$P>0.05$）；间作区玉米带为（2.56±0.30）头/m^2，与单作玉米区相比有显著升高，升高幅度为98.44%（$P<0.05$）。表明在大田环境下，相比玉米单作，间作花生后铜绿丽金龟数量增加，但相比花生单作，间作模式未对其种群密度产生显著影响（图5-11 B）。

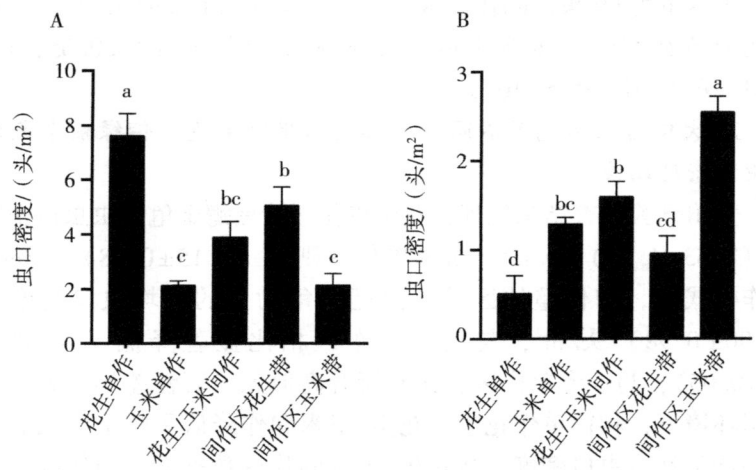

图 5-11 大田条件下不同种植模式之间暗黑鳃金龟（A）和铜绿丽金龟（B）幼虫虫口密度的比较

注：不同的小写字母表示 0.05 水平上差异显著。

另外，从总体看整个试验田块暗黑鳃金龟幼虫发生数量是铜绿丽金龟幼虫的 3.19 倍。花生单作区暗黑鳃金龟幼虫明显高于铜绿丽金龟幼虫，是后者的 14.71 倍，花生田中暗黑鳃金龟幼虫种群优势明显。玉米单作田暗黑鳃金龟幼虫略高于铜绿丽金龟幼虫，是 1.66 倍。间作区花生带暗黑鳃金龟幼虫与铜绿丽金龟幼虫比值为 2.36，暗黑鳃金龟幼虫种群在间作区花生带优势也明显；间作区玉米带暗黑鳃金龟幼虫数略低于铜绿丽金龟，是后者的 84%。

三、结论与讨论

花生和玉米分别是我国重要的油料作物和粮食作物，近年来随着国家战略需求的调整，两者间作面积在增加。而蛴螬是花生上最重要的地下害虫，同时也是玉米上的重要害虫，因此评估花生玉米间作后蛴螬的发生量及原因对于指导田间防控具有重要意义。目前在我国玉米和花生主产区为害最为严重的两种金龟甲是暗黑鳃金龟和铜绿丽金龟，两者均具有分布广，寄主多等特点，是我国农林生产中的重大害虫。本文以这两种金龟甲为研究对象，在笼罩栽培池、网室和大田3种模式下探讨花生/玉米间作模式对两种金龟甲发生的影响，综合认为与花生单作相比，间作模式显著降低了暗黑鳃金龟幼虫虫口密度而对铜绿丽金龟虫口密度未产生显著影响，这可能与暗黑鳃金龟对花生存在显著偏好性，而铜绿丽金龟则表现出对玉米偏好性有关。由于金龟甲活动的隐蔽性，现有有关金龟甲的选择研究多集中于成虫或幼虫取食偏好或趋性行为，对于产卵选择鲜有报道。本研究中栽培池试验由于水泥阻隔严格限制了幼虫的活动性，所以试验结果可较客观反映出两种金龟甲雌虫产卵选择性。大田和网室试验总体趋势与水泥池基本一致，略有不同，分析原因可能与作物相邻分泌物或气味对幼虫活动干扰所致，但同时我们也发现，虽然金龟甲的飞翔能力较强，试验空白行设置为5m，但在空白处挖土基本挖不到幼虫，说明金龟甲具备灵敏的感受系统，可能是嗅觉、味觉或视觉。一般认为雌虫产卵会优先选择适合其子代幼虫生长发育的寄主植物，我们在挖土调查幼虫时发现，取食花生相比取食玉米高龄期暗黑鳃幼虫占比明显更多，幼虫个体更大，可能是因为花生较玉米根系为蛴螬提供了更优质的营养。但陆畅在玉米/花生偏好性实验中发现相比于花生，暗黑鳃金龟幼虫更偏好玉米，推测原因可能是因为试验中选择的是活体玉米植株，而花生则选择的是离体荚果，而活体植株根系分泌的CO_2对幼虫存在吸引作用。对铜绿丽金龟而言，栽培池调查发现选择玉米池产卵的铜绿丽金龟明显多于花生池，这种雌虫的产卵偏好性与陆畅研究报道的幼虫寄主偏好一致。

间套作是我国传统农业的精髓，不仅能够大幅提高作物产量，有效提高资源利用率，而且能够改变生物群落结构，增加生物多样性，预防和控制病虫害的发生和流行，强化农田生态系统服务功能，可以成为一种有效的生物防治手段。间作可以显著提高昆虫多样性和天敌多样性，从而降低害虫总数、花生蚜和小绿叶蝉的数量,主要原因之一与玉米涵养了天敌从而转移扩散到花生田控制害虫有关。本研究结果表明,花生/玉米间作还可以作为压低暗黑鳃金龟幼虫种群数量,并且间作不仅降低了整个区域的暗黑鳃金龟幼虫虫口密度,也降低了间作区花生带的虫口密度,表明虫口密度下降的原因不仅是花生种植面积减少对害虫的"稀释"效应,而且存在玉米—花生相邻关系导致的联合抗性作用,这种作用可能与暗黑鳃金龟的产卵偏好性,也可能与玉米的存在从视觉或挥发物线索方面干扰了暗黑鳃金龟对花生的定向行为有关,而铜绿丽金龟的数量未见显著降低。研究表明,在河南漯河地区,暗黑鳃金龟代替铜绿丽金龟成为金龟甲幼虫优势种的主要原因与大豆、花生种植面积增加,玉米、红薯种植面积减少有关。本研究可能从一定程度上揭示了变化的原因。值得注意的是,栽培池和网室试验所投放的两种金龟甲成虫数量一致,但调查时发现暗黑鳃金龟幼虫数量大约是铜绿丽金龟幼虫的 3.6 倍,试验期间观察到前者成虫数量也明显高于后者,大田调查中也发现了相似的种群数量比例,分析原因可能与两种金龟甲适合度的差异有关,暗黑鳃金龟比铜绿丽金龟生态适应性更强,也有可能存在着两种金龟甲相近的营养需求和空间生态位重叠所导致的种间竞争,使暗黑鳃金龟成为试验所在地的优势金龟甲。

综上,花生/玉米间作可以显著压低暗黑鳃金龟幼虫虫口密度而对铜绿丽金龟幼虫虫口密度未产生显著影响。由于受到气候条件、土壤质地、作物种类、栽培管理措施以及治理策略等因素的影响,各地金龟甲优势种明显不同。因此在暗黑鳃金龟大量发生的地区,可通过调整田间布局和种植结构,降低虫口基数,减轻其对作物的为害,是一种经济有效的防控措施。

第四节 利用功能植物诱控花生田金龟甲优势种的效果研究

暗黑鳃金龟和铜绿丽金龟分属鞘翅目鳃金龟科和丽金龟科，是农林牧害虫，也是花生田害虫优势种，在我国广泛分布，其成虫取食树叶，幼虫（蛴螬）在地下取食根茎，可为害70余种植物，其中花生是其最喜欢的寄主植物之一，一般为害可导致花生减产10%~30%，严重为害时减产达60%~70%，甚至绝收，对花生产量及品质影响极大。因此，这两种金龟甲的有效防控对于保障花生生产至关重要。目前生产上多采用药剂拌种（包衣）、土壤处理、作物灌根等方法来消灭幼虫，对土壤和水体存在一定污染及农药残留。对于成虫，可使用频振式杀虫灯配合昆虫信息素诱杀，或栽种蓖麻毒杀金龟甲等技术，但也存在对天敌的破坏、对雌虫的引诱效果不佳等问题，需要进一步探寻安全有效的防控新技术。暗黑鳃金龟和铜绿丽金龟都有定时出土取食的规律，可以采用这个阶段对其进行防治，达到"地下害虫地上治，幼虫为害成虫治"的目的。前期研究中，已经研究获得了暗黑鳃金龟性诱剂，但对暗黑鳃金龟雌虫和铜绿丽金龟的引诱一直是难点，因此生产上迫切需要开发解决这些问题的新途径。

利用功能植物控害是害虫生态防控的重要内涵之一，其作为载体植物、银行植物等各种功能，在其他害虫中已有成熟应用的报道。有研究表明在小麦田种植一定的苜蓿，可为蚜虫天敌提供有利条件，减少对小麦的为害，达到防治蚜虫的目的，种植菊属植物能够除去蓟马。红叶石楠是常绿小乔木，为蔷薇科石楠属杂交种的统称，被广泛用于园林绿化和农园景观。夜间观察发现，花生地周边绿化带上的红叶石楠引诱到了大量的暗黑鳃金龟和铜绿丽金龟，它们在此进行聚集、交配和取食活动（图5-12、图5-13）。因此，探讨尝试利用红叶石楠作为功能植物来防控这两种金龟甲具有重要的生产意义。

本研究采用田间观察法、栽培池笼罩法、生测法对暗黑鳃金龟和铜绿丽金龟的取食选择进行了试验,并进一步验证了在红叶石楠上喷施药剂对两种金龟甲的引诱效果及持效期影响,为花生虫害的防治提供科学依据。

图 5-12 晚间在红叶石楠上取食的暗黑鳃金龟和铜绿丽金龟　　图 5-13 白天被暗黑鳃金龟和铜绿丽金龟取食后的红叶石楠

一、材料与方法

试验于 2021—2023 年在山东省花生研究所莱西望城试验站（36°48′46″N,120°30′17″E）进行。该地属温带季风气候,四季分明,干湿变化显著,雨热同季。试验在两种模式下进行。

（一）材料

笼罩栽培池供试作物:花生（花育 36 号）,玉米（郑单 958 号）,大豆种子自购,种子未用任何种衣剂处理,红叶石楠自购,榆树、桑树来自移栽,未喷施任何药剂。地头红叶石楠主要以绿化为主,未喷施任何化学药剂。农药:60% 吡虫啉悬浮剂（安徽金泰农药化工有限公司）、5%高效氯氟氰菊酯微乳剂（洛阳巧喜生物科技有限公司）、40%辛硫磷乳油（山东埃森化学有限公司）、35%毒死蜱微囊悬浮剂（江苏新沂科大农药厂）。

（二）试验方法

1. 笼罩栽培池选择取食试验

栽培池由砖、水泥制成，长×宽×高为 1.0 m×1.0 m×1.0 m，相邻栽培池间隔 1.0 m，2021 年 3—5 月在栽培池分别栽种花生、玉米、大豆、红叶石楠、榆树和桑树，用 4.0 m×1.5 m×25.0 m 的 80 目纱网笼罩，每种寄主植物间隔一个池。试验设置 3 次重复。2022 年 6 月 15 日金龟甲成虫出土期开始，在田间人工采集出土的暗黑鳃金龟和铜绿丽金龟各 300 头，随机放入栽培池纱网，从 6 月 21 日至 7 月 14 日每日 19:00—22:00 观察两种金龟甲选择取食结果。

2. 药剂对两种金龟甲的诱杀效果及持效性观察

2021—2022 年两年大田观察发现，两种金龟甲具有明显定树取食红叶石楠的习性。2023 年观察发现，暗黑鳃金龟出土后，继续取食这些红叶石楠。自然状态下，于 7 月 8 日选取分布、取食数量比较均匀的红叶石楠，采用常规推荐用量：5%高效氯氟氰菊酯微乳剂 600 倍液、60%吡虫啉悬浮剂 8 000 倍液、40%辛硫磷乳油 1 000 倍液、35%毒死蜱微囊悬浮剂 1 000 倍液兑水喷雾，傍晚时将红叶石楠喷施均匀，到 19:00 药剂晾干为准，每种药剂重复喷施 4 棵树，设置清水作为对照，于每日 19:30—21:30 金龟甲出土取食高峰期，观察红叶石楠下 1.0 m² 内中毒虫数。

3. 最佳药剂对两种金龟甲的诱杀持效性观察

选取药效最佳的药剂，于每日 19:30—21:30 金龟甲出土取食量高峰期继续观察红叶石楠下 1.0 m² 内中毒虫数，观察至虫口数显著低于对照，药剂效果下降为止。

（三）数据分析

利用 Microsoft Excel 2010 进行数据整理分析；利用 DPS

V16.05 数据处理系统进行 Duncan 新复极差多重比较检验；利用 SPSS V27.0 软件对数据进行统计学分析，Graphpad 绘图。

二、结果与分析

（一）暗黑鳃金龟和铜绿丽金龟对不同寄主植物的选择性

2022 年暗黑鳃金龟多数隔日出土取食，差异明显；铜绿丽金龟基本每天出土取食，差异不明显。笼罩栽培池选择取食试验如图 5-14 所示：暗黑鳃金龟选择红叶石楠数量比榆树多 25.48%，比花生多 25.00%，比玉米多 36.06%，比大豆多 36.54%，比桑树多 36.54%，红叶石楠对暗黑鳃金龟甲的引诱效果显著高于其他处理（图 5-14 A）；铜绿丽金龟选择红叶石楠比榆树多 22.83%，比花生多 17.32%，比玉米多 20.47%，比大豆多 21.26%，比桑树多 35.43%，红叶石楠对铜绿丽金龟甲的引诱效果与花生差异不明显，但显著高于花生之外的其他处理（图 5-14 B）。综合可见，红叶石楠对这两种金龟甲的引诱显著高于其他处理（图 5-14 C）。从每天的选择取食上来看，红叶石楠对暗黑鳃金龟、铜绿丽金龟以及两者综合的引诱均高于其他处理（图 5-14 D，图 5-14F）。

（二）红叶石楠喷施不同药剂后对暗黑鳃金龟和铜绿丽金龟诱杀效果研究

2023 年 6 月 27 日大雨，6 月 26 日暗黑鳃金龟开始多数双日出土取食，单日比较少，差异明显；铜绿丽金龟基本每天出土取食，差异不明显。7 月 8 日按照推荐用量，5%高效氯氟氰菊酯微乳剂 600 倍液、60%吡虫啉悬浮剂 8 000 倍液、40%辛硫磷乳油 1 000 倍液、35%毒死蜱微囊悬浮剂 1 000 倍液傍晚兑水喷雾，观察不同处理对暗黑鳃金龟和铜绿丽金龟的诱杀效果（表 5-5）。

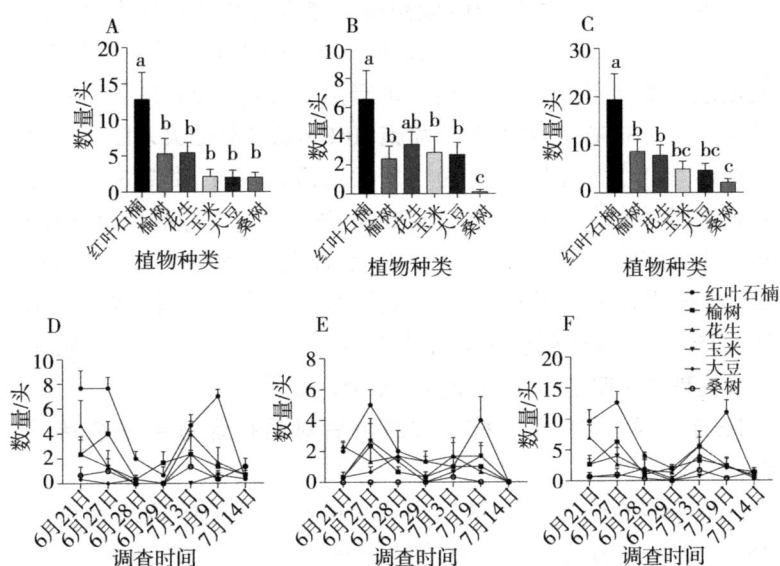

A. 各种植物对暗黑鳃金龟引诱结果；B. 各种植物对铜绿丽金龟引诱结果；C. 各种植物对暗黑鳃金龟和铜绿丽金龟引诱结果；D. 不同植物对暗黑鳃金龟的引诱发生动态；E. 不同植物对铜绿丽金龟的引诱发生动态；F. 不同植物对暗黑鳃金龟和铜绿丽金龟引诱发生动态。

图 5-14　各种植物对暗黑鳃金龟和铜绿丽金龟的引诱分析（2022 年）

注：A-C 不同小写字母表示 0.05 水平上差异显著。

表 5-5　四种药剂诱杀暗黑鳃金龟和铜绿丽金龟效果（2023 年 7 月 8 日）

试验	药剂	暗黑鳃金龟/头	铜绿丽金龟/头
1	60%吡虫啉悬浮剂 8 000 倍液	49.00±4.38 aA	10.50±2.47 aA
2	5%高效氯氟氰菊酯微乳剂 600 倍液	26.25±2.53 bB	3.50±0.96 bB
3	40%辛硫磷乳油 1 000 倍液	12.75±1.11 cC	2.00±0.71 bB
4	35%毒死蜱微囊悬浮剂 1 000 倍液	10.75±2.66 cCD	1.50±0.65 bB
5	对照 CK	0dD	0bB

注：不同大写字母表示 0.01 水平上差异显著。

由表5-5可知，喷施60%吡虫啉悬浮剂的红叶石楠灭杀暗黑鳃金龟（49.00±4.38）头，铜绿丽金龟（10.50±2.47）头；喷施5%高效氯氟氰菊酯微乳剂红叶石楠灭杀暗黑鳃金龟（26.25±2.53）头，铜绿丽金龟（3.50±0.96）头；喷施40%辛硫磷乳油灭杀暗黑鳃金龟（12.75±1.11）头，铜绿丽金龟（2.00±0.71）头；喷施35%毒死蜱微囊悬浮剂灭杀暗黑鳃金龟（10.75±2.66）头，铜绿丽金龟（1.50±0.65）头。红叶石楠喷施60%吡虫啉悬浮剂灭杀的暗黑鳃金龟和铜绿丽金龟效果显著高于喷施5%高效氯氟氰菊酯微乳剂、40%辛硫磷乳油、35%毒死蜱微囊悬浮剂（表5-5）。60%吡虫啉悬浮剂喷施红叶石楠处理灭杀暗黑鳃金龟和铜绿丽金龟效果最好。

（三）红叶石楠喷施60%吡虫啉后对两种金龟甲诱杀持效性研究

继续观察60%吡虫啉悬浮剂喷施的红叶石楠的诱杀效果（图5-15）。对吡虫啉的4个重复连续观察发现，其持效期可达10 d，7月19日毒杀的金龟甲减少至（2.00±0.41）头，随后随着害虫进入到发生晚期，60%吡虫啉悬浮剂药效减弱，死虫数逐渐减少。

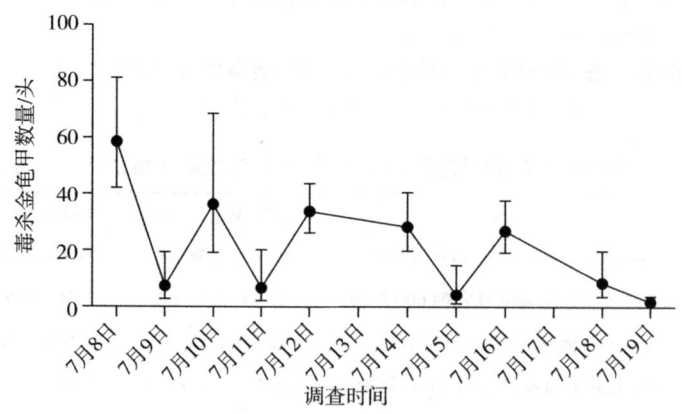

图5-15 喷施60%吡虫啉悬浮剂对暗黑鳃金龟和铜绿丽金龟的灭杀效果（2023年）

三、结论与讨论

暗黑鳃金龟和铜绿丽金龟遍布我国各地,寄主范围广泛,为害多种作物、林木和果树等,给农林生产造成巨大经济损失。前人发现暗黑鳃金龟成虫除了取食花生、大豆、薯类等农作物的叶片外,常常群集取食榆、加拿大杨、白杨、柳、槐、桑、柞、苹果、梨等林木和果树的叶片,尤其喜欢取食榆树的叶片。研究发现,铜绿丽金龟和暗黑鳃金龟都对蓖麻有明显的趋向性,蓖麻可以引诱大量金龟甲,而且金龟甲取食蓖麻后不久即被麻醉,大多不能存活。本研究通过田间观察发现,红叶石楠上聚集大量的暗黑鳃金龟和铜绿丽金龟,尤其具备定树为害的特点,被取食过的红叶石楠更吸引金龟甲。笼罩栽培池选择结果显示,暗黑鳃金龟和铜绿丽金龟对红叶石楠的选择性高于榆树、花生、玉米、大豆、桑树5种植物,说明红叶石楠对金龟甲有很强的吸引效果。但具体是红叶石楠的哪一种挥发物所致,还有待进一步研究。

针对暗黑鳃金龟和铜绿丽金龟幼虫的药剂筛选非常多,而对成虫却鲜有报道,鲜有为明确不同药剂对铜绿丽金龟和暗黑鳃金龟成虫的防治效果,曾开展了室内饲喂试验及田间施药试验,发现毒死蜱、辛硫磷对两种金龟甲的成虫均具较高防效,建议在农田周边金龟甲成虫喜食植物上喷施毒死蜱或辛硫磷。本研究结果发现,吡虫啉对两种金龟甲的杀灭效果更好,持效期更长。这可能是因为药剂的气味会影响金龟甲的嗅觉定位,一方面毒死蜱有熏蒸作用,味道大,在叶片上喷施后,两种金龟甲成虫聚集明显减少;而另一方面辛硫磷对光不稳定,容易分解,成虫聚集取食虽不减少,但毒杀效力减弱。

红叶石楠不仅具有观赏性,也具有药用价值,对二氧化硫、氯气等部分有毒有害气体具有较强的吸附能力。之前的研究中,红叶石楠从未作为功能植物或者是诱集植物使用过,对于红叶石楠作媒介灭杀金龟甲更无报道。观察研究红叶石楠诱集灭杀金龟甲,为红叶石楠的综合利用以及功能开发提供了初步依据，能够克服在大田作物土壤中施用化学药剂所造成的化学农药高残留导致的环境污染等问题，也能够有效避免化学药剂在作物中的残留，具有简单轻便、绿色环保、对人无害的优点。利用田边栽种景观树种红叶石楠防治害虫为花生虫害的防治提供了新的技术手段。

第五节　气象因子对花生田蚜虫种群数量的影响研究

根据花生病虫发生规律、病虫发生特点，结合气象预报及田间系统调查情况综合分析，及时发布病虫害发生趋势预报，提前制订防治预案和区域治理计划，提高对重大病虫害预报的准确率。

蚜虫隶属于半翅目蚜科蚜属，以刺吸式口器吸食植物汁液，可引发多种真菌病害及传播30多种植物病毒病，轻者造成花生减产5%~10%，重者减产20%~30%。研究蚜虫发生规律，是进行适时防控的关键。气象因子是影响昆虫发生的重要因素。目前国内关于蚜虫在大田花生为害规律、发生动态与气象条件关系的研究报道较少。本研究在传统大花生产区山东省青岛市进行蚜虫种群数量调查，分析气象因子与蚜虫种群数量变动的关系，以期找到与蚜虫数量变动密切相关的气象因子，为蚜虫预测预报及防控奠定基础。

一、材料与方法

(一) 调查地点和调查时间

试验设在山东省花生研究所试验田（36°48′46″N，120°30′5″E）。调查时间自2014年5月至2015年10月，试验区域为自然状态，未喷洒杀虫剂。

(二) 昆虫收集方式和气象资料的来源整理

试验采取马来氏网取样法进行（图5-16），马来氏网购自中国科学院动物研究所,设置在花生田核心区,要求通风且阳光充足。安装需要各条固定绳索拉紧,使得各网面抻平绷紧;网脊的倾斜角度在35°~45°为宜。黑色阻隔筛网与地面之间不要有缝隙,以便爬行类昆虫的收集。收集瓶中酒精(乙醇含量95%以上)保持在半瓶以上。

图5-16 马来氏网花生田间安装效果图

原始气象资料来自中国气象数据网 http://data.cma.cn/。调查周期(7 d或10 d)内所选用的气象因子及参数为:平均气温(X_1)、最高气温(X_2)、最低气温(X_3)、平均相对湿度(X_4)、平均地表气温(X_5)、日最高地表气温(X_6)、日最低地表气温(X_7)、平均日降水量(X_8)、日照时数(X_9)、平均风速(X_{10})、最大风速(X_{11})、最大风速风向(X_{12})、极大风速(X_{13})、极大风速风向(X_{14}),蚜虫的虫口密度(Y)。

(三)调查设计、数据处理及分析

2014年5—9月,花生生长期内每周调查1次(2014年5月4日至9月23日,共20组),2015年花生生长期内每10 d调查1次(2015年5月5日至9月29日,共17组)。利用DPS V16.05版数据处理系统进行数据的相关性、逐步回归、通径和线性回归分析。

(四)调查方法

2014年花生生长期内每7 d调查一次(2014年5月13日至9

月 23 日，共 20 组）；2015 年花生生长期内每 7 d 调查一次，如遇特殊情况则提前或顺延 1~5 d（2015 年 5 月 13 日至 9 月 29 日，共 17 组）。

（五）数据处理及分析

利用 DPS V16.05 数据处理系统进行数据的相关性和通径分析。

二、结果与分析

（一）蚜虫种群数量分析

2014—2015 年调查结果显示（图 5-17）：蚜虫在 6—9 月均有发生，其中 2015 年 5 月蚜虫数量高于 2014 年，8 月、9 月数量低于 2014 年。两年 7 月、8 月蚜虫数量均较高，但 2015 年 5 月比 7 月、8 月都高。

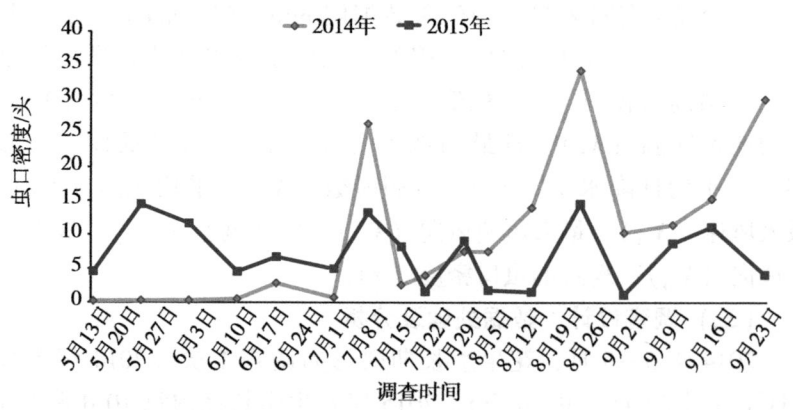

图 5-17　蚜虫种群数量（2014—2015 年）

（二）气象因子对蚜虫数量影响的相关性

2014 年蚜虫数量变动与平均相对湿度极显著正相关，与平均风速、最大风速、极大风速显著负相关（表 5-6）；2015 年蚜虫数量与平均日降水量、最大风速、极大风速显著负相关（表 5-7）。两年与平均地表气温、日最高地表气温、平均日降水量、平均风速、最大风速、极大风速、最大风速风向、极大风速风向都呈负相关。2014 年各气象因子两两间有 19 个呈极显著相关，有 3 个呈显著相关；2015 年有 17 个呈极显著相关，有 5 个呈显著相关，显示出气象因子间明显的互作效应。

（三）影响蚜虫种群数量变动的气象因子通径分析

2014 年蚜虫数量与 4 个气象因子呈显著相关（表 5-6），其中平均相对湿度对蚜虫数量变动的直接作用不是最大，间接作用也不是最大，但二者同向共同作用使平均相对湿度与蚜虫数量变动呈极显著正相关（表 5-8）。与平均风速、最大风速、极大风速呈显著负相关，是因为其直接作用和间接作用异向，且其反向势力强，造就与蚜虫数量变动呈显著负相关。如果直接作用和间接作用异向且实力均等，影响就不显著，比如平均地表气温对蚜虫数量变动的反向直接作用最大，正向间接作用也最大，但其与蚜虫数量变动相关性不显著，主要通过 5 个极显著相关因子（平均气温、最高气温、最低气温、日最高地表气温、日最低地表气温）影响蚜虫数量变动。

2015 年蚜虫数量与 3 个气象因子呈显著相关（表 5-7）。这 3 个显著相关都是直接作用和间接作用异向，但有一方强势，造就与蚜虫数量呈显著负相关（表 5-9）。2015 年影响蚜虫数量变动的直接和间接作用最大的因子分别是平均气温和平均地表气温。

气象因子对蚜虫数量变动的直接作用和间接作用同向的很少。两年中只有 2014 年的最高气温和平均相对湿度。最高气温的直接作用和间接作用尽管同向，但影响太弱，对蚜虫数量变动影响不显著。

表 5-6 青岛花生田蚜虫消长动态与主要气象因子相关性（2014 年）

气象因子	X_1	X_2	X_3	X_4	X_5	X_6	X_7	X_8	X_9	X_{10}	X_{11}	X_{12}	X_{13}	X_{14}
X_2	0.948 4**													
X_3	0.968 1**	0.846 4**												
X_4	0.285 7	0.062 8	0.464 5*											
X_5	0.906 6**	0.907 5**	0.835 9**	0.044 7										
X_6	0.520 9*	0.591 7	0.417 1	-0.273 5	0.819 0**									
X_7	0.947 1**	0.814 7**	0.989 6**	0.516 6*	0.781 8**	0.329 6								
X_8	0.249 0	0.239 2	0.247 1	0.228 4	0.157 3	-0.039 5	0.288 4							
X_9	-0.080 2	0.080 5	-0.213 0	-0.367 6	0.100 0	0.222 4	-0.243 7	-0.029 7						
X_{10}	-0.160 5	0.004 5	-0.279 9	-0.667 5**	0.063 7	-0.046 7	-0.292 3	-0.105 6	0.432 7					
X_{11}	-0.228 6	-0.052 5	-0.343 5	-0.697 6**	0.054 6	0.089 3	-0.372 3	-0.045 3	0.385 1	0.910 2**				
X_{12}	-0.146 8	-0.032 7	-0.265 6	-0.311 0	-0.012 3	0.147 6	-0.305 1	0.164 2	0.387 5	0.068 4	0.210 1			
X_{13}	-0.239 1	-0.046 6	-0.375 0	-0.724 0**	0.071 6	0.088 8	-0.411 0	-0.055 0	0.367 8	0.888 3**	0.973 1**	0.292 9		
X_{14}	-0.062 1	0.004 1	-0.156 8	-0.237 4	0.122 2	0.31	-0.211 3	0.073 2	0.423 9	-0.022 0	0.114 6	0.912 6**	0.188 1	
Y	0.191 8	0.047 9	0.287 2	0.565 6**	0.002 6	-0.195 4	0.295 2	-0.362 9	-0.111 7	-0.469 4*	-0.568 1**	-0.151 3	-0.532 4*	-0.126 2

注：* 和 ** 分别表示 0.05 和 0.01 显著水平。

表 5-7 青岛花生田蚜虫消长动态与主要气象因子相关性（2015 年）

气象因子	X_1	X_2	X_3	X_4	X_5	X_6	X_7	X_8	X_9	X_{10}	X_{11}	X_{12}	X_{13}	X_{14}
X_2	0.840 8**													
X_3	0.880 2**	0.565 2**												
X_4	0.495 2*	0.279 5	0.615 7**											
X_5	0.847 8	0.881 9**	0.615 4**	0.199 8										
X_6	0.090 7	0.444 0	-0.258 3	-0.302 1	0.553 7*									
X_7	0.883 2**	0.575 5*	0.988 4**	0.660 7**	0.599 2**	-0.287 9								
X_8	0.206 2	0.208 1	0.185 9	0.041 2	0.424 6	0.425 2	0.140 2							
X_9	-0.179 5	0.080 8	-0.401 0	-0.729 6	0.172 9	0.442 3	-0.424 9	0.117 1						
X_{10}	-0.346 9	0.041 9	-0.411 0	-0.437 1	-0.079 5	0.275 6	-0.410 2	0.025 2	0.317 8					
X_{11}	-0.075 5	0.333 4	-0.387 5	-0.200 3	0.062 9	0.373 4	-0.363 8	0.028 3	0.262 3	0.464 1				
X_{12}	0.160 2	0.487 9*	-0.242 8	0.046 8	0.223 4	0.452 1	-0.189 1	-0.051 9	0.224 1	0.067 5	0.658 2**			
X_{13}	0.077 7	0.516 7*	-0.232 8	-0.105 2	0.201 9	0.348 3	-0.191 1	0.026 7	0.321 5	0.479 8*	0.915 7**	0.706 9**		
X_{14}	0.072 7	0.405 6	-0.309 2	-0.029 7	0.124 5	0.401 3	-0.251 9	-0.209 8	0.218 1	0.062 4	0.624 1**	0.966 1**	0.656 9**	
Y	-0.182 1	-0.333 2	-0.085 9	-0.473 2	-0.150 1	-0.147 6	-0.130 4	-0.504 2*	0.277 6	-0.158 6	-0.518 6*	-0.439 9	-0.531 3*	-0.304 7

注：* 和 ** 分别表示 0.05 和 0.01 显著水平。

表 5-8 影响青岛花生田蚜虫数量变动的主要气象因子相关性与通径分析（2014年）

气象因子	相关系数	直接作用系数总和	间接作用系数总和	X_1	X_2	X_3	X_4	X_5	X_6	X_7	X_8	X_9	X_{10}	X_{11}	X_{12}	X_{13}	X_{14}
X_1	0.1918	-0.4093	0.6012		0.0191	2.2624	0.0671	-3.3761	0.9383	0.9824	-0.1500	-0.0464	-0.0606	0.3549	-0.1576	-0.284	0.0517
X_2	0.0479	0.0202	0.0277	-0.3882		1.9779	0.0148	-3.3795	1.0658	0.8451	-0.1441	0.0466	0.0017	0.0815	-0.0351	-0.0554	-0.0034
X_3	0.2872	2.3369	-2.0495	-0.3962	0.0171		0.1092	-3.1129	0.7514	1.0265	-0.1488	-0.1232	-0.1057	0.5332	-0.2852	-0.4454	0.1305
X_4	0.5656	0.2350	0.3306	-0.1169	0.0013	1.0856		-0.1666	-0.4926	0.5359	-0.1376	-0.2127	-0.2522	1.0829	-0.334	-0.860	0.1975
X_5	-0.0026	-3.7241	3.7214	-0.3711	0.0183	1.9534	0.0105		1.4755	0.8109	-0.0948	0.0579	-0.0241	0.0848	-0.0132	-0.0850	-0.1017
X_6	-0.1954	1.8015	-1.9968	-0.2132	0.0119	0.9747	-0.0643	-3.0501		0.3419	0.0238	0.1287	-0.0176	-0.1386	0.1585	0.1055	-0.2580
X_7	0.2952	1.0372	-0.7422	-0.3877	0.0164	2.3127	0.1214	-2.9114	0.5938		-0.1737	-0.1410	-0.1104	0.5779	-0.3277	-0.4883	0.1758
X_8	-0.3629	-0.6024	0.2395	-0.1019	0.0048	0.5774	0.0537	-0.5858	-0.0711	0.2991		-0.0172	-0.0399	0.0703	0.1763	-0.0653	-0.0609
X_9	-0.1117	0.5786	-0.6904	0.0328	0.0016	-0.4977	-0.0864	-0.3724	0.4007	-0.2528	0.0179		0.1635	-0.5979	0.4162	0.4368	-0.3527
X_{10}	0.4694	0.3778	0.8473	0.0657	0.0001	-0.6541	-0.1569	0.2372	-0.0841	-0.3032	0.0636	0.2503		-1.4129	0.0735	1.0552	0.0183
X_{11}	-0.5681	-1.5523	0.9844	0.0936	-0.0011	-0.8027	-0.1639	0.2034	0.1609	-0.3861	0.0273	0.2228	0.3439		0.2256	1.1560	-0.0953
X_{12}	-0.1513	1.0741	-1.2252	0.0601	-0.0007	-0.6206	-0.0731	0.0459	0.2659	-0.3164	-0.0989	0.2248	0.0259	-0.3261		0.3479	-0.7593
X_{13}	-0.5324	1.1879	-1.7202	0.0979	-0.0009	-0.8763	-0.1701	0.2666	0.1599	-0.4261	0.0331	0.2128	0.3356	-1.5106	0.3146		-0.1565
X_{14}	-0.1262	-0.8321	0.7058	0.0254	0.0001	-0.3664	-0.0558	-0.4552	0.5585	-0.2192	-0.0441	0.2452	-0.0083	-0.1779	0.9801	0.2234	

表 5-9 影响青岛花生田蚜虫数量变动的主要气象因子相关性与通径分析（2015 年）

气象因子	相关系数	直接作用系数 总和	间接作用系数 总和	间接作用系数													
				X_1	X_2	X_3	X_4	X_5	X_6	X_7	X_8	X_9	X_{10}	X_{11}	X_{12}	X_{13}	X_{14}
X_1	-0.1821	-5.7234	5.5412		2.0832	1.0766	-0.5910	4.6186	-0.3043	-1.7667	-0.1221	0.1874	0.2746	-0.0130	0.2992	-0.1175	-0.0838
X_2	-0.3332	2.4777	-2.8107	-4.8122		0.6913	-0.3336	4.8047	-1.4890	-1.1512	-0.1232	-0.0844	-0.0331	0.0576	0.9109	-0.7811	-0.4674
X_3	-0.0859	1.2231	-1.3090	-5.038	1.4004		-0.7348	3.3525	0.8660	-1.9771	-0.1100	0.4187	0.3253	-0.0669	-0.4534	0.3520	0.3563
X_4	-0.4732	-1.1935	0.7202	-2.8344	0.6926	0.7530		1.0883	1.0129	-1.3216	-0.0244	0.7618	0.3460	-0.0346	0.0873	0.1591	0.0342
X_5	-0.1501	5.4479	-5.5980	-4.8522	2.1851	0.7527	-0.2384		-1.8560	-1.1986	-0.2514	-0.1805	0.0629	0.0109	0.4171	-0.3053	-0.1434
X_6	-0.1476	-3.3534	3.2058	-0.5193	1.1002	-0.3159	0.3603	3.0167		0.5758	-0.2517	-0.4619	-0.2182	0.0645	0.8441	-0.5265	-0.4625
X_7	-0.1304	-2.0002	1.8700	-5.0551	1.4260	1.2090	-0.7886	3.2646	0.9654		-1.4259	-0.0830	0.4437	0.3247	-0.0628	-0.3531	0.2890	0.2902
X_8	-0.5042	-0.5920	0.0876	-1.1806	0.5156	0.2273	-0.0496	2.3133	-1.4259	-0.2805		-0.1223	-0.0199	0.0049	-0.0969	-0.0403	0.2417
X_9	0.2776	-1.0442	1.3220	1.0272	0.2003	-0.4904	0.8707	0.9419	-1.4832	0.8499	-0.0693		-0.2515	0.0453	0.4185	-0.4860	-0.2514
X_{10}	-0.1582	-0.7916	0.6333	1.9856	0.6103	7 -0.5027	0.5216	-0.4329	-0.9243	0.8204	-0.0149	-0.3318		0.0801	0.1260	-0.7255	-0.0720
X_{11}	-0.5186	0.1726	-0.6912	0.4323	0.8260	-0.4740	0.2391	0.3426	-1.2521	0.7276	-0.0166	-0.2739	-0.3674		1.2291	-1.3845	-0.7192
X_{12}	-0.4399	1.8672	-2.3070	-0.9170	1.2088	-0.2970	-0.0558	1.2169	-1.5159	0.3783	0.0307	-0.2340	-0.0534	0.1136		-1.0688	-1.1134
X_{13}	-0.5313	-1.5119	0.9807	-0.4446	1.2801	-0.2847	0.1256	1.1001	-1.1676	0.3823	-0.0158	-0.3357	-0.3798	0.1581	1.3200		-0.7571
X_{14}	-0.3047	-1.5244	0.8478	-0.4160	1.0050	-0.3781	0.0354	0.6780	-1.3458	0.5038	0.1246	-0.2278	-0.0494	0.1077	1.8040	-0.9932	

（四）气象因子对蚜虫数量变动决定程度

2014 年气象因子及其交互效应对蚜虫数量变动的总决定系数为 0.859 0，按照各因子决策系数大小排序为：$X_4 > X_8 > X_2 > X_1 > X_7 > X_9 > X_{14} > X_{10} > X_{11} > X_{12} > X_{13} > X_6 > X_3 > X_5$。2015 年气象因子及其交互效应对蚜虫数量变动的总决定系数为 0.991 4，按照各因子决策系数大小排序为：$X_8 > X_{11} > X_4 > X_{10} > X_{14} > X_{13} > X_9 > X_3 > X_7 > X_{12} > X_2 > X_6 > X_1 > X_5$。

三、结论与讨论

气象因子在自然界中相互影响并共同作用于昆虫的生长、发育、繁殖、生存、分布、行为和种群数量动态。本研究结果表明，2014 年 14 个气象因子及其交互效应对青岛花生田蚜虫数量变动的总决定系数为 0.859 0，前三位为平均相对湿度、平均日降水量、最高气温；2015 年 14 个气象因子及其交互效应的总决定系数为 0.991 4，前三位为平均日降水量、最大风速、平均相对湿度。2014 年与 2015 年气象因子对蚜虫影响有差异，2014 年 5 月蚜虫数量比 2015 年低，原因可能是 2014 年 5 月极大风速和日平均降水量都高于 2015 年同期，也可能与最大风速或者蚜虫迁飞高峰时间有关。研究表明，暴风雨对蚜虫具有冲刷作用，降水会降低蚜虫群体数量。风向与风速会影响蚜虫的迁飞活动及分布范围。本研究结果也证明了这一点。有研究表明，蚜虫的消长主要取决于寄主植物和气候条件两个因素，在寄主植物不变的情况下，气象条件是影响蚜虫发生的决定因素。分析认为，14 项气象因子除分别单独作用于蚜虫数量变动外，彼此之间也相互影响、相互关联，对蚜虫数量变动形成了综合效应。

适宜的气象条件是诱发虫害发生发展的主要条件，结合气候对害虫的综合预测防治技术的研究也要逐渐加强。借助气象资料，对害虫的综合预测防治技术进行深入研究，并应用到农业生产中，给农业插上科技的翅膀。

第六节 气象因子对青岛市花生田西花蓟马种群数量的影响

西花蓟马属缨翅目蓟马科花蓟马属,是一种为害性极大的外来入侵害虫,其以锉吸式口器取食植物的茎、叶、花、果,繁殖速度快,分布广,并可传播番茄斑萎病毒病,是一种重要的世界性检疫害虫。西花蓟马自2003年传入我国,已逐步蔓延至北京、云南、浙江、山东等地,尤其近年来对我国花生生产造成严重为害。

近几年与西花蓟马生物学有关的研究相继开展,关于西花蓟马生长发育和存活的温度与湿度的研究已有报道,西花蓟马在花生上聚集为害主要是环境因素所致,其气象因子尤为重要,目前国内还未见西花蓟马在大田花生为害规律与气象因子关系的报道。本研究连续两年对花生田西花蓟马进行收集,分析气象与西花蓟马数量变动的关系,以期找到与西花蓟马数量变动密切相关的气象因子,为西花蓟马预测预报及防控提供依据。

一、材料与方法

(一)调查地点和调查时间

试验设在山东省花生研究所试验田($36°48'46''N$,$120°30'5''E$)进行。调查时间2014年5月至2015年10月,试验区域为自然状态,未喷洒杀虫剂。

(二)昆虫收集方式和气象资料的来源整理

试验采取马来氏网取样法进行(图5-16),马来氏网购自中国科学院动物研究所,设置在花生田核心区,要求通风且阳光充足。安装需要各条固定绳索拉紧,使各网面抻平绷紧;网脊的倾斜角度在35°~45°为宜。黑色阻隔筛网与地面之间不要有缝隙,以便爬行类昆虫的收集。收集瓶中酒精(乙醇含量95%以上)保持在半瓶以上。

原始气象资料来自中国气象数据网 http：//data.cma.cn/。调查周期（7 d 或 10 d）内所选用的气象因子及参数为：平均气温（X_1）、最高气温（X_2）、最低气温（X_3）、平均相对湿度（X_4）、平均地表气温（X_5）、日最高地表气温（X_6）、日最低地表气温（X_7）、平均日降水量（X_8）、平均风速（X_9）、最大风速（X_{10}）、最大风速风向（X_{11}）、极大风速（X_{12}）、极大风速风向（X_{13}），西花蓟马的虫口密度（Y）。

（三）调查设计、数据处理及分析

2014 年 5—9 月，花生生长期内每周调查 1 次（2014 年 5 月 4 日至 9 月 23 日，共 20 组），2015 年花生生长期内每 10 d 调查 1 次（2015 年 5 月 5 日至 9 月 29 日，共 17 组）。利用 DPS V16.05 版处理系统进行数据的相关、逐步回归、通径和线性回归分析。

二、结果与分析

（一）西花蓟马种群数量分析

图 5-18 显示，2014—2015 年两年间 7、8 月西花蓟马的虫口密度高于其他月份，2014 年 5 月虫口密度低于 2015 年，6 月虫口密度高于 2015 年。

（二）气象因子对西花蓟马数量影响的相关性

2014 年西花蓟马数量变动与最大风速风向、极大风速风向呈极显著负相关；与平均气温、最高气温、最低气温、平均相对湿度、平均地表气温、日最高地表气温、日最低地表气温呈正相关但不显著，与平均日降水量、平均风速、最大风速、极大风速呈负相关但不显著。2015 年西花蓟马数量与最低气温呈极显著正相关；与平均相对湿度、日最低地表气温间呈显著正相关，与平均气温、最高气温、平均地表气温、平均日降水量正相关但不显著，与日最高地表气温、平均风速、最大风速、极大风速、最大风速风向、极大风速风向呈负相关但不显著。另外，2014 年各气象因子两两间

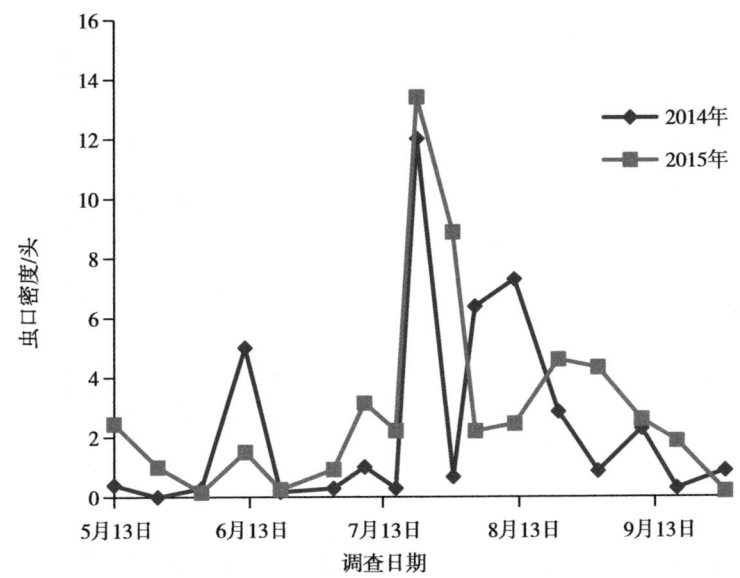

图 5-18 西花蓟马种群数量（2014—2015 年）

有 19 个极显著相关，有 3 个显著相关。2015 年有 15 个极显著相关，有 8 个显著相关，显示出明显的互作效应（表 5-10、表 5-11）。

（三）西花蓟马种群数量与气象因子线性回归分析

通过线性回归分析（表 5-12、表 5-13），建立了 2014 年和 2015 年西花蓟马数量与气象因子的回归方程，该方程可用于西花蓟马发生预测预报。

2014 年：$Y = 23.2917 + 0.2236X_1 - 0.1674X_2 - 0.1972X_3 - 0.0070X_4 + 0.4756X_5 - 0.1369X_6 - 0.1542X_7 - 0.0002X_8 - 0.5507X_9 - 0.0613X_{10} - 0.5180X_{11} + 0.1153X_{12} - 1.9894X_{13}$

2015 年：$Y = -17.5962 + 0.1663X_1 + 0.2487X_2 - 0.1295X_3 + 0.4222X_4 - 0.1368X_5 - 0.0388X_6 - 0.1167X_7 + 0.0006X_8 + 0.2128X_9 - 0.0709X_{10} - 5.8487X_{11} - 0.0762X_{12} + 3.9252X_{13}$

表 5-10 青岛西花蓟马消长动态与主要气象因子相关性（2014 年）

气象因子	X_1	X_2	X_3	X_4	X_5	X_6	X_7	X_8	X_9	X_{10}	X_{11}	X_{12}	X_{13}
X_2	0.948 4**												
X_3	0.968 1**	0.846 4**											
X_4	0.285 7	0.062 8	0.464 5*										
X_5	0.906 6**	0.907 5**	0.835 9**	0.044 7									
X_6	0.520 9*	0.591 7*	0.417 1	−0.273 5	0.819 0**								
X_7	0.947 1**	0.814 7**	0.989 6**	0.516 6*	0.781 8**	0.329 6							
X_8	0.249 0	0.239 2	0.247 1	0.228 4	0.157 3	−0.039 5	0.288 4						
X_9	−0.160 5	0.004 5	−0.279 9	−0.667 5**	−0.063 7	−0.046 7	−0.292 3	−0.105 6					
X_{10}	−0.228 6	−0.052 5	−0.343 5	−0.697 6**	−0.054 6	0.089 3	−0.372 3	−0.045 3	0.910 2**				
X_{11}	−0.146 8	−0.032 7	−0.265 6	−0.311 0	−0.012 3	0.147 6	−0.305 1	0.164 2	0.068 4	0.210 1			
X_{12}	−0.239 1	−0.046 6	−0.375 0	−0.724 0**	−0.071 6	0.088 8	−0.411 0	−0.055 0	0.888 3**	0.973 1**	0.292 9		
X_{13}	−0.062 1	0.004 1	−0.156 8	−0.237 4	0.122 2	0.310 0	−0.211 3	0.073 2	−0.022 0	0.114 6	0.912 6**	0.188 1	
Y	0.234 4	0.196 5	0.272 1	0.126 3	0.171 8	0.059 0	0.279 7	−0.257 4	−0.041 1	−0.169 5	−0.733 9**	−0.201 7	−0.744 3**

注：*和**分别表示 0.05 和 0.01 显著水平。

表 5-11 青岛西花蓟马消长动态与主要气象因子相关性（2015 年）

气象因子	X_1	X_2	X_3	X_4	X_5	X_6	X_7	X_8	X_9	X_{10}	X_{11}	X_{12}	X_{13}
X_2	0.840 8**												
X_3	0.880 2**	0.565 2*											
X_4	0.495 2*	0.279 5	0.615 7**										
X_5	0.847 8**	0.881 9**	0.615 4**	0.199 8									
X_6	0.090 7	0.444 0	−0.258 3	−0.302 1	0.553 7*								
X_7	0.883 2**	0.575 5*	0.988 4**	0.660 7**	0.599 2**	−0.287 9							
X_8	0.206 2	0.208 1	0.185 9	0.041 2	0.424 6	0.425 2	0.140 2						
X_9	−0.346 9	0.041 9	−0.411 0	−0.437 1	−0.079 5	0.275 6	−0.410 2	0.025 2					
X_{10}	−0.075 5	0.333 4	−0.387 5	−0.200 3	0.062 9	0.373 4	−0.363 8	0.028 3	0.464 1				
X_{11}	0.160 2	0.487 9*	−0.242 8	0.046 8	0.223 4	0.452 1	−0.189 1	−0.051 9	0.067 5	0.658 2*			
X_{12}	0.077 7	0.516 7*	−0.232 8	−0.105 2	0.201 9	0.348 3	−0.191 1	0.026 7	0.479 8*	0.915 7**	0.706 9**		
X_{13}	0.072 7	0.405 6	−0.309 2	−0.029 7	0.124 5	0.401 3	−0.251 9	−0.209 8	0.062 4	0.624 1**	0.966 1**	0.656 9*	
Y	0.370 5	0.220 2	0.597 4**	0.496 2*	0.255 6	−0.122 5	0.582 1*	0.294 2	−0.117 3	−0.374 7	−0.359 6	−0.292 0	−0.323 9

注：* 和 ** 分别表示 0.05 和 0.01 显著水平。

表 5-12 影响青岛西花蓟马数量变动的主要气象因子相关性与通径分析（2014 年）

气象因子	相关系数	直接作用系数总和	间接作用系数总和	间接作用系数												
				X_1	X_2	X_3	X_4	X_5	X_6	X_7	X_8	X_9	X_{10}	X_{11}	X_{12}	X_{13}
X_1	0.234 4	1.750 2	-1.515 8		-1.208 9	-1.739 0	-0.004 3	3.986 4	-1.129 4	-1.517 7	-0.054 8	0.146 1	0.035 3	0.033 8	-0.125 1	0.061 8
X_2	0.196 5	-1.274 7	1.471 2	1.660 0		-1.520 3	-0.000 9	3.990 5	-1.283	-1.305 5	-0.052 7	-0.004 1	0.008 1	0.007 5	-0.024 4	-0.004 0
X_3	0.272 1	-1.796 3	2.068 4	1.694 4	-1.078 9		-0.007 0	3.675 7	-0.904 4	-1.585 8	-0.054 4	0.254 9	0.053 1	0.061 1	-0.196 2	0.155 9
X_4	0.126 3	-0.015 1	0.141 4	0.500 0	-0.080 1	-0.834 5		0.196 8	0.593 0	-0.827 9	-0.050 3	0.607 9	0.107 8	0.071 5	-0.378 8	0.236 0
X_5	0.171 8	4.397 3	-4.225 5	1.586 7	-1.156 8	-1.501 5	-0.000 7		-1.776 0	-1.252 8	-0.034 6	0.058 0	0.008 4	0.002 8	-0.037 5	-0.121 5
X_6	0.059 0	-2.168 4	2.227 4	0.911 6	-0.754 2	-0.749 2	0.004 1	3.601 6		-0.528 2	0.008 7	0.042 5	-0.013 8	-0.034 0	0.046 5	-0.308 2
X_7	0.279 7	-1.602 4	1.882 1	1.657 7	-1.038 5	-1.777 7	-0.007 8	3.437 7	-0.714 8		-0.063 5	0.266 2	0.057 5	0.070 2	-0.215 0	0.210 1
X_8	-0.257 4	-0.220 2	-0.037 2	0.435 9	-0.304 9	-0.443 8	-0.003 4	0.691 7	0.085 6	-0.462 1		0.096 2	0.007 0	-0.037 8	-0.028 8	-0.072 8
X_9	-0.041 1	-0.910 7	0.869 6	-0.280 8	-0.005 7	0.502 8	0.010 1	-0.280 0	0.101 2	0.468 4	0.023 3		-0.140 6	-0.015 7	0.464 7	0.021 9
X_{10}	-0.169 4	-0.154 5	-0.014 9	-0.400 1	0.066 9	0.617 0	0.010 5	-0.240 1	-0.193 6	0.596 5	0.010 0	-0.828 9		-0.048 3	0.509 1	-0.113 9
X_{11}	-0.733 9**	-0.230 0	-0.503 9	-0.256 9	0.041 7	0.477 0	0.004 7	-0.054 2	-0.320 1	0.488 9	-0.036 2	-0.062 3	-0.032 5		0.153 2	-0.907 2
X_{12}	-0.201 7	0.523 2	-0.724 9	-0.418 5	0.059 4	0.673 6	0.010 9	-0.314 8	-0.192 5	0.658 7	0.012 1	-0.809 0	-0.150 4	-0.067 4		-0.187 0
X_{13}	-0.744 3**	-0.994 1	0.249 8	-0.108 7	-0.005 2	0.281 6	0.003 6	0.537 5	-0.672 3	0.338 6	-0.016 1	0.020 0	-0.017 7	-0.209 9	0.098 4	

注：* 和 ** 分别表示 0.05 和 0.01 显著水平。

表 5-13 影响青岛西花蓟马数量变动的主要气象因子相关性与通径分析（2015 年）

气象因子	相关系数	直接作用系数总和	间接作用系数总和	间接作用系数												
				X_1	X_2	X_3	X_4	X_5	X_6	X_7	X_8	X_9	X_{10}	X_{11}	X_{12}	X_{13}
X_1	0.3705	1.5551	-1.1846	—	2.4118	-1.2981	0.5225	-1.0252	-0.0823	-1.3632	0.2571	-0.0884	0.0261	-0.7446	-0.0575	0.2572
X_2	0.2202	2.8685	-2.6483	1.3075	—	-0.8335	0.2949	-1.0666	-0.4027	-0.8883	0.2595	0.0107	-0.1150	-2.2675	-0.3825	1.4352
X_3	0.5974**	-1.4747	2.0721	1.3689	1.6213	—	0.6496	-0.7442	0.2342	-1.5255	0.2317	-0.1047	0.1337	1.1286	0.1724	-1.0939
X_4	0.4962*	1.0552	-0.5590	0.7701	0.8018	-0.9080	—	-0.2416	0.2739	-1.0198	0.0514	-0.1114	0.0691	-0.2174	0.0779	-0.1050
X_5	0.2556	-1.2093	1.4649	1.3184	2.5298	-0.9075	0.2108	—	-0.5021	-0.9248	0.5294	-0.0202	-0.0217	-1.0381	-0.1495	0.4404
X_6	-0.1225	-0.9068	0.7843	0.1411	1.2737	0.3809	-0.3187	-0.6996	—	0.4443	0.5301	0.0702	-0.1288	-2.1010	-0.2579	1.4200
X_7	0.5821*	-1.5434	2.1255	1.3735	1.6509	-1.4577	0.6972	-0.7247	0.2611	—	0.1745	-0.1045	0.1255	0.879	0.1415	-0.8911
X_8	0.2942	1.2462	-0.9526	0.3207	0.5970	-0.2741	0.0435	-0.5135	-0.3856	-0.2164	—	0.0064	-0.0098	0.2411	-0.0197	-0.7427
X_9	-0.1173	0.2548	-0.3721	-0.5395	0.1201	0.6061	-0.4612	0.0961	-0.2500	0.6330	0.0314	—	-0.1601	-0.3136	-0.3553	0.2209
X_{10}	-0.3747	-0.3450	-0.0297	-0.1174	0.9563	0.5715	-0.2114	-0.0761	-0.3386	0.5614	0.0353	0.1183	—	-3.0593	-0.6780	2.2083
X_{11}	-0.3596	-4.6478	4.2882	0.2491	1.3994	0.3581	0.0493	-0.2701	-0.4099	0.2919	-0.0647	0.0172	-0.2271	—	-0.5234	3.4184
X_{12}	-0.2920	-0.7404	0.4484	0.1208	1.4820	0.3433	-0.1110	-0.2442	-0.3158	0.2950	0.0332	0.1223	-0.3159	-3.2857	—	2.3244
X_{13}	-0.3239	3.5383	-3.8622	0.1130	1.1635	0.4559	-0.0313	-0.1505	-0.3639	0.3887	-0.2615	0.0159	-0.2153	-4.4903	-0.4864	—

注：* 和 ** 分别表示 0.05 和 0.01 显著水平。

(四) 气象因子与西花蓟马数量的偏相关分析

偏相关分析结果表明，2014 年西花蓟马数量与平均地表气温偏相关系数最大，其次为极大风速和平均气温；与最大风速、最低气温、最高气温、日最低地表气温、平均风速、平均日降水量、日最高地表气温、极大风速风向等因子间呈负相关。2015 年西花蓟马数量与极大风速风向偏相关系数最大，其次为平均日降水量、平均相对湿度、最高气温、平均风速、平均气温；而与最大风速、极大风速、日最高地表气温、最低气温、日最低地表气温、平均地表气温、最大风速风向呈负相关（表 5-14）。

表 5-14　气象因子与西花蓟马种群数量的偏相关系数分析

偏相关系数	2014 年	2015 年
(Y, X_1)	0.165 6	0.476 7
(Y, X_2)	-0.264 0	0.600 0
(Y, X_3)	-0.224 3	-0.436 7
(Y, X_4)	—	0.830 1
(Y, X_5)	0.441 0	-0.584 2
(Y, X_6)	-0.389 1	-0.350 9
(Y, X_7)	-0.273 7	-0.509 9
(Y, X_8)	-0.344 7	0.859 4
(Y, X_9)	-0.304 5	0.490 1
(Y, X_{10})	-0.043 5	-0.330 2
(Y, X_{11})	-0.124 2	-0.914 3
(Y, X_{12})	0.180 5	-0.334 4
(Y, X_{13})	-0.540 2	0.922 7

(五) 影响西花蓟马数量变动的气象因子通径分析

2014 年平均地表气温与西花蓟马数量变动相关性不显著，但它对西花蓟马数量变动的正向直接作用最大,反向间接作用也最大,它通过平均气温、最高气温、最低气温、日最高地表气温、日最低地表气温 5 个极显著相关的因子,间接反向影响了西花蓟马数量变动。日最高地表气温对西花蓟马数量变动的正向间接作用最大,其次是最低气温、日最低地表气温和最高气温。日最高地表气温与西花蓟马数量变动相关性不显著,可能是其最大的正向间接作用和反向直接作用综合导致。2014 年西花蓟马数量变动与最大风速风向、极大风速风向呈极显著负相关。

2015 年影响西花蓟马数量变动的正向直接作用和反向间接作用最大的因子都是极大风速风向,导致它与西花蓟马数量变动结果不显著;2015 年西花蓟马数量与最低气温达到极显著正相关,主要是最低气温通过平均气温、最高气温、平均相对湿度、平均地表气温、日最低地表气温 5 个因子间接影响西花蓟马数量变动;2015 年西花蓟马数量与平均相对湿度、日最低地表气温呈显著正相关,与平均相对湿度的显著正相关主要是直接作用,与日最低地表气温的显著正相关主要是间接作用的结果。气象因子直接或间接影响昆虫数量变动,只有当直接作用或间接作用两者同向,或者一方作用显著大于另一方,才能显著影响到昆虫数量变动。

(六) 气象因子对西花蓟马数量变动的决定程度

2014 年气象因子及其交互效应对西花蓟马数量变动的总决定系数为 0.772 5,按照各因子决策系数大小排序为:$X_{13}>X_{11}>X_8>X_{10}>X_4>X_{12}>X_9>X_2>X_1>X_7>X_3>X_6>X_5$。

2015 年气象因子及其交互效应对西花蓟马数量变动的总决定系数为 0.962 0,按照各因子决策系数大小排序为:$X_{10}>X_4>X_{12}>X_9>X_6>X_8>X_1>X_5>X_3>X_7>X_2>X_{13}>X_{11}$。

三、结论与讨论

气象因子在自然界中相互影响并共同作用于昆虫的生长、发育、繁殖、生存、分布、行为和种群数量动态。本研究结果表明,

2014 年 13 个气象因子及其交互效应对西花蓟马数量变动的总决定系数为 0.772 5，前三位为极大风速风向、最大风速风向、平均日降水量。2015 年 13 个气象因子及其交互效应的总决定系数为 0.962 0，前三位为最大风速、平均相对湿度、极大风速。2014 年平均地表气温对西花蓟马数量变动的正向直接作用最大，其次为平均气温、极大风速；日最高地表气温对西花蓟马数量变动的正向间接作用最大。2015 年极大风速风向对西花蓟马数量变动的正向直接作用最大，其次为最高气温、平均气温、平均日降水量；最大风速风向对西花蓟马数量变动的正向间接作用最大。2014 年与 2015 年气象因子对西花蓟马影响有差异，可能是与两年气候差异有关，调查期间 2015 年平均日降水量比 2014 年高 35.82%，两年间 7 月、8 月西花蓟马虫口密度大，可能与气候及花生生长旺盛有关。2014 年 5 月虫口密度要比 2015 年低，原因可能是 2014 年 5 月极大风速和日平均降水量都高于 2015 年同期，2015 年 6 月、9 月虫口密度比 2014 年高，可能与最大风速、极大风速和日平均降水量有关。

西花蓟马成虫为非迁飞性昆虫，自身的飞行能力很弱，其移动主要借助人类的活动而扩散，也可借助风力作小范围的扩散；此外起飞的成虫可能随气流而传播。风力是影响西花蓟马的取食及迁飞活动的重要因子。一般情况下，弱风可刺激害虫起飞，迁飞的速度和方向一般与风速及风向是一致的。但是，风太大时又会阻碍一些害虫的迁飞和传播活动，而且风力大时也将影响害虫在田间的分布，本研究结果也证明了这一点。据报道，西花蓟马的活动受温湿度影响也较大，适温范围 18~26℃，过高的湿度和温度会抑制西花蓟马的活动。这也与本研究结果一致。还有研究发现，大量雨水的冲刷使西花蓟马的种群数量得到了自然控制，而蓟马在韭菜上的发生规律和防治研究上发现，降水量的多少影响了韭菜田间西花蓟马种群数量，本研究也发现平均日降水量影响了西花蓟马虫口基数的变化。

综合分析认为，13 项气象因子除分别单独作用于西花蓟马数量变动外，彼此之间也相互影响，相互关联，对西花蓟马数量变动形成了综合效应。本研究也得出了预测预报方程，其预测预报的准确性与稳定性有待于进一步研究。

参考文献

陈德西,何忠全,郭云建,等,2018. 蓟马在韭菜上的发生规律和防治 [J]. 中国农学通报,34(12):145-151.

董文霞,肖春,李成云,2016. 作物多样性种植对农田害虫及天敌的影响 [J]. 中国生态农业学报,24(4):435-442.

杜予州,戴霖,鞠瑞亭,等,2005. 入侵害虫西花蓟马在中国的风险性初步分析 [J]. 中国农业科学,38(11):2360-2364.

付秀菊,2011. 青岛花生出口竞争力研究 [D]. 青岛:中国海洋大学.

贾曦,王璐,刘振林,等,2016. 玉米‖花生间作模式对作物病害发生的影响及分析 [J]. 花生学报,45(4):55-60.

鞠倩,李晓,姜晓静,等,2014. 3种金龟甲对寄主植物的行为反应研究 [J]. 植物保护,40(4):76-79.

鞠倩,李晓,苏卫华,等,2016. 不同施药方法对花生田蛴螬的防治效果评价 [J]. 花生学报,45(1):43-47.

孔德生,孙明海,赵艳丽,等,2016. 性诱剂和生物食诱剂对花生田棉铃虫的防控效果及效益分析 [J]. 山东农业科学,48(4):102-105.

李慧,1989. 温湿度降水对蚜虫发生的影响 [J]. 新疆气象(6):25-26.

李军华,李绍生,李绍伟,等,2007. 环境因子对花生蚜虫发生程度的影响 [J]. 浙江农业科学(6):719-720.

李美, 孙智明, 李朦朦, 等, 2013. 不同比例花生玉米间作对花生生长及产量品质的影响 [J]. 核农学报, 27 (3): 391-397.

李世民, 陈琦, 齐晓红, 等, 2016. 漯河市地下害虫发生动态 (2006—2015 年) [C] //植保科技创新与农业精准扶贫: 中国植物保护学会 2016 年学术年会论文集: 452.

李为争, 袁莹华, 原国辉, 等, 2010. 暗黑鳃金龟成虫对非寄主蓖麻和几种寄主叶片的选择和取食反应 [J]. 河南农业大学学报, 44 (4): 438-442.

李晓, 宫清轩, 鞠倩, 等, 2011. 新型低毒杀虫剂防治花生地下害虫初步研究 [J]. 江西农业学报, 23 (5): 94-96.

李晓, 鞠倩, 金青, 等, 2015. 不同种类诱芯及诱捕器对暗黑鳃金龟的田间诱捕效果 [J]. 花生学报, 44 (3): 41-46.

李晓, 鞠倩, 赵志强, 等, 2013. 8 种杀虫剂对花生蛴螬的田间防效及安全性评价 [J]. 植物保护, 39 (4): 159-163.

李晓, 石程仁, 鞠倩, 等, 2016. 蛴螬为害花生的产量损失及经济阈值研究 [J]. 花生学报, 45 (2): 54-57, 67.

梁云飞, 2020. 山东省玉米和小麦田地下害虫发生与土壤地力的关联性研究 [D]. 泰安: 山东农业大学.

林英杰, 李向东, 周录英, 等, 2010. 花生不同种植方式对田间土壤微环境和产量的影响 [J]. 水土保持学报 (3): 131-135.

刘维佳, 曲明静, 焦坤, 等, 2023. 花生/玉米间作对昆虫群落多样性及产量的影响 [J]. 中国油料作物学报, 45 (3): 600-607.

刘向东, 翟保平, 张孝羲, 2004. 蚜虫迁飞的研究进展 [J]. 昆虫知识 (4): 301-307.

刘忠善, 杨小溪, 丁元明, 2005. 西花蓟马的生物学习性观察试验 [J]. 植物检疫 (3): 138-141.

卢仲良，孔学梅，袁文龙，等，2012. 农药减量增产技术在水稻病虫害防治上的应用研究 [J]. 现代农业科技（15）：89.

陆强，冯金祥，孔燕，等，2016. 水稻农药减量控害试验初探 [J]. 浙江农业科学（12）：1994-1996.

陆信仁，邱源，马荣飞，等，2009. 崇明地区金龟甲发生规律与防治技术 [J]. 植物保护，35（6）：176-178.

罗文凡，赵军，刘艳萍，等，2013. 焉耆垦区辣椒蚜虫消长与气象因子的相关性探讨 [J]. 新疆农垦科技，36（11）：23-25.

罗宗秀，2010. 金龟甲调查及其优势种性信息素鉴定与应用研究 [D]. 北京：中国农业科学院.

马树庆，郭东燕，王卫东，1989. 高粱、大豆蚜虫发生面积的气象预测 [J]. 气象（11）：54-56.

马亚珺，2015. 青岛市花生生产现状与对策研究 [J]. 商界论坛（32）：273.

牟吉元，高惠林，宋欣宗，等，1986. 油料作物蛴螬优势种种群数量空间结构及取样技术应用的研究 [J]. 山东农业大学学报（1）：25-37.

宁东贤，张明义，张威，2009. 夏花生生产存在主要问题及高产技术 [J]. 陕西农业科学（1）：208-210.

潘义宏，穆青，蒋水萍，等，2018. 综合防治措施对西花蓟马和烤烟番茄斑萎病的防治效果 [J]，江苏农业科学，46（22）：96-100.

彭涛，2008. 浅谈桃树蚜虫发生与防治技术 [J]. 甘肃科技（11）：155-156，111.

秦胜楠，管晓志，鞠倩，等，2018. 山东莱西花生产区昆虫群落基本结构及多样性研究 [J]，应用昆虫学报，55（2）：302-303.

曲明静，郭巍，2014. 花生蛴螬生物防治 [M]. 北京：中国农业出版社.

曲明静, 姜晓静, 鞠倩, 等, 2011. 4种杀虫剂对花生蛴螬的防治效果及农药残留研究 [J]. 植物保护, 37 (2): 167-169.

曲春娟, 姜晓静, 万书波, 等, 2025. 花生/玉米间作对暗黑鳃金龟和铜绿丽金龟发生的影响 [J]. 中国油料作物学报, 47 (1): 167-175.

曲春娟, 蒋相国, 杜龙, 等, 2024. 红叶石楠诱控花生田金龟甲优势种的效果研究 [J]. 花生学报, 53 (2): 63-68.

曲明静, 刘爱娜, 曾庆朝, 等, 2019. 气象因子对青岛市花生田西花蓟马种群数量的影响 [J]. 花生学报, 48 (4): 43-48.

曲春娟, 刘燊, 姜晓静, 等, 2025. 我国不同地区花生蓟马的物种组成及种群动态 [J]. 中国油料作物学报, 47 (1): 176-185.

曲春娟, 谢明惠, 薛明, 等, 2019. 黄淮海花生田主要害虫减药控害增效技术与效果评价 [J]. 花生学报, 48 (4): 67-71.

曲春娟, 曾庆朝, 鞠倩, 等, 2019. 青岛地区花生田昆虫群落组成及益害比分析 [J]. 山东农业科学, 51 (1): 128-133.

曲春娟, 曾庆朝, 薛明, 等, 2020. 气象因子对青岛市花生田花生蚜虫种群数量的影响 [J]. 山东农业科学, 52 (8): 115-119.

曲明静, 赵志强, 王磊, 等, 2008. 30%辛·毒微囊悬浮剂对花生田蛴螬的防治效果 [J]. 植物保护 (6): 148-150.

渠成, 薛明, 张文丹, 等, 2015. 花生不同种植模式对蛴螬发生的影响及药剂防治效果的比较 [J]. 花生学报, 44 (2): 12-17.

任洁, 雷仲仁, 张令军, 等, 2006. 北京地区西花蓟马发生为

害调查研究 [J]. 中国植保导刊, 26 (5): 5-7.

山东省农业厅, 2015. 山东省到 2020 年农药使用量零增长行动方案 [J]. 山东农药信息 (4): 13-14.

孙旭亮, 周庆强, 江玉萍, 等, 2023. 青岛市花生种业现状、存在问题及发展对策 [J]. 中国种业 (2): 45-47.

万书波, 2003. 中国花生栽培学 [M]. 上海: 上海科学技术出版社.

万书波, 单世华, 李春娟, 等, 2005. 我国花生安全生产现状与策略 [J]. 花生学报, 34 (1): 1-4.

万书波, 王才斌, 李春娟, 2008. 花生品种改良与高产优质栽培 [M]. 北京: 中国农业出版社.

万书波, 王才斌, 单世华, 等, 2009. 山东花生六十年 [M]. 北京: 中国农业科学技术出版社.

王才斌, 郑亚萍, 成波, 等, 2002. 山东省不同生态区域花生种植方式综合评价研究 [J]. 花生学报, 31 (3): 15-19.

王海龙, 位绍文, 吴兰荣, 等, 2024. 青岛花生种业升级发展的契机与对策分析 [J]. 中国种业 (11): 41-43.

王军强, 2009. 青岛市花生产业现状与发展对策 [J]. 山东省农业管理干部学院学报, 25 (3): 54-55, 62.

王军强, 李松坚, 刘学刚, 等, 2014. 青岛地区春播花生最佳播期的研究 [J]. 青岛农业大学学报 (自然科学版), 31 (1): 18-20.

王磊, 李晓, 鞠倩, 等, 2011. 新型低毒杀虫剂防治花生主要地上害虫的初步研究 [J] 江西农业学报 (6): 89-90, 92.

王韶红, 王军强, 魏志刚, 等, 2010. 青岛市花生产业现状、存在问题及发展对策 [J]. 中国种业 (9): 62-64.

王溯, 刘岩一, 2010. 青岛市花生生产现状与发展对策 [J]. 农业科技通讯 (2): 16-18.

文礼章, 1987. 国外豆蚜研究概述 [J]. 植物保护 (4):

47-49.

吴青君,徐宝云,张治军,等,2007.京浙滇地区植物蓟马种类及其分布调查[J].中国植保导刊,27(5):32-33.

徐秀娟,2009.中国花生病虫草鼠害[M].北京:中国农业出版社.

闫淑侠,2015.果园覆盖多功能双色膜保水除害防病优质丰产[J].农业机械(20):62-63.

叶彩玲,霍治国,丁胜利,等,2005.农作物病虫害气象环境成因研究进展[J].自然灾害学报,14(1):90-97.

禹山林,2008.中国花生品种及其系谱[M].上海:上海科学技术出版社.

袁锋,仵均祥,李云瑞,等,2001.农业昆虫学.[M].3版.北京:中国农业出版社.

张光玲,曲明静,鞠倩,等,2015.3种药剂采用不同施药方法防治花生蛴螬的残留研究[J].安徽农业科学,43(30):20-21,101.

张文丹,刘磊,渠成,等,2015.花生种植栽培模式对花生地上害虫发生的影响[J].花生学报,44(2):30-33.

张艳玲,袁萤华,原国辉,等,2006.蓖麻叶对华北大黑鳃金龟引诱作用的研究[J].河南农业大学学报,40(1):53-57.

赵冰梅,张祥林,徐志超,2011.新疆兵团棉田化学农药减量使用对策初探[J].中国棉花(1):42-44.

赵立波,庄顺龙,徐兆鹏,等,2021.青岛市花生生产现状及产业发展调查与思考[J].农业科技通讯(12):52-54,249.

赵荣华,董晋明,陆俊姣,等,2014.忻州市忻府区金龟甲种类组成和优势种及雌雄性比调查[J].中国植保导刊,34(8):41-44.

赵志强，李翔，李晓，等，2012.25%毒死蜱微囊悬浮剂不同施药方法防治花生田蛴螬的效果［J］. 山东农业科学，44（11）：103-105，111.

郑长英，刘云虹，张乃芹，等，2007. 山东省发现外来入侵有害生物：西花蓟马［J］. 青岛农业大学学报（自然科学版），24（3）：172-174.

钟锋，吕利华，高燕，等，2009. 西花蓟马的为害及生物防治研究进展［J］. 广东农业科学（8）：120-123，128.

BOUCHER T J, ASHLEY R, DURGY R, et al., 2003. Managing the pepper maggot (Diptera：Tephritidae) using perimeter trap cropping［J］. Journal of Economic Entomology, 96（2）：420-432.

GLINWOOD R T, POWELL W, TRIPATHI C P M, 1998. Increased parasitization of aphids on trap plants alongside vials releasing synthetic aphid sex pheromone and effective range of the pheromone［J］. Biocontrol Science and Technology, 8（4）：607-614.

JU Q, OUYANG F, GU S, et al., 2019. Strip intercropping peanut with maize for peanut aphid biological control and yield enhancement［J］. Agriculture Ecosystems & Environment, 286：106682.

YUDIN L S, CHO J J, MICHELL W C, 1986. Host range of westem flower thrips, *Frankliniella occidentalis* (Thysanoptera：Thripidae), with special reference to *Leucaena glauca*［J］, Environmental Entomology, 15（6）：1292-1295.

ZUO Y M, ZHANG F S, LI X L, et al., 2000. Studies on the improvement in iron nutrition of peanut by intercropping with maize on a calcareous soil［J］. Plant Soil, 220（1/2）：13-25.

彩　图

大黑鳃金龟成虫

大黑鳃金龟幼虫

暗黑鳃金龟成虫

暗黑鳃金龟幼虫

铜绿丽金龟成虫

铜绿丽金龟幼虫

蛴螬为害花生症状

小地老虎成虫　　　　　　　　小地老虎幼虫

黄地老虎成虫　　　　　　　　黄地老虎幼虫

彩 图

大地老虎成虫

大地老虎幼虫

沟金针虫成虫

沟金针虫幼虫

细胸金针虫成虫

细胸金针虫幼虫

蚜虫成虫

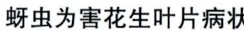

蚜虫为害花生叶片病状

朱砂叶螨

二斑叶螨

叶螨为害花生叶片症状

彩 图

茶黄蓟马

端带蓟马

蓟马为害花生症状

棉铃虫成虫

棉铃虫幼虫

斜纹夜蛾成虫　　　　　　　　斜纹夜蛾幼虫

甜菜夜蛾成虫　　　　　　　　甜菜夜蛾幼虫